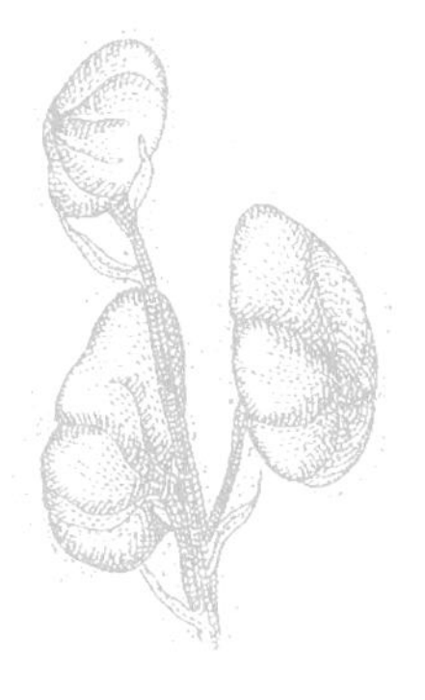

WICKED PLANTS

WICKED
PLANTS:
THE WEED THAT KILLED LINCOLN'S MOTHER & OTHER BOTANICAL ATROCITIES

植物也邪恶

〔美〕艾米·斯图尔特 著

〔美〕布莱恩妮·莫罗－克里布斯 铜版画插图

〔美〕强纳森·罗森 手绘插图

王小敏 译

商务印书馆
创于1897 The Commercial Press

2019年·北京

First published in the United States under the title:

WICKED PLANTS:

The Weed That Killed Lincoln's Mother & Other Botanical Atrocities

Published by arrangement with Algonquin Books of Chapel Hill,

a division of Workman Publishing Company, Inc. , New York.

Pinguicula spp

To PSB

大地会不会在他（罗杰·齐灵渥斯）目光的感应之下产生邪恶的力量，用有毒的灌木向他致意呢……他会不会突然陷入地下？留下荒芜的洞穴，经过相当一段时间你可以在那里看到颠茄、狗木、天仙子以及那种气候下产生的任何邪恶的植物，它们疯狂地繁衍着……

——**纳撒尼尔·霍桑**（Nathaniel Hawthorne）

《红字》（*The Scarlet Letter*）

CONTENTS

目 录

尾　注

序

小心阅“毒”

一棵树会散射出有毒的汁液，一颗亮红的种子能让心跳骤停，一丛灌木可以引发难忍的疼痛，一株藤蔓可以把你迷倒，一片叶子可以诱发骇人的战争。千万别小瞧了植物王国！深不可测的邪恶早已悄悄潜伏。

1844 年，纳撒尼尔·霍桑在小说《拉帕奇尼的女儿》（*Rappaccini's Daughter*）中，写过这样一个故事：年迈的医生照看着一座带围墙的神秘花园，里面种满了有毒植物。置身于灌木和藤蔓间，老人的神情“仿佛涉足险恶，周围野兽环伺、毒蛇出没、邪灵潜伏，只要稍不留神，就有性命之虞”。故事的主人公、年轻的乔瓦尔，临窗俯瞰，只见“一个男人在花园里栽种，本是最简单无害的人类劳作，气氛却显得相当不安”，于是乔瓦尔发现其实最令人不安的反而是老人的举止。

简单无害？这是乔瓦尔对窗下那些繁茂植被的看法，

也正是我们对自家花园和所遇到的野生植物的态度——天真的信任。我们绝不会捡起丢在人行道上的咖啡杯，随后一饮而尽。户外旅行时，我们却会采食陌生的浆果，好似它们本就为我们而存在。我们接过朋友赠送的不知名树皮或叶子，当作药茶冲泡，以为凡是自然的一定是安全的。当孩子回家后，我们急着给电源插座加个安全帽，却无视厨房内的植物或门廊的一盆灌木。要知道，美国每年有3900人因电源插座受伤，却有68847人受到植物的毒害。

躬耕花园数年，你可能都不会被舟形乌头（monkshood）所毒害，但它漂亮的蓝色花朵里却隐藏着可能引起窒息死亡的毒素。户外旅行数公里，你可能不会与小郊狼树（coyotillo shrub）相遇，但它的浆果能导致缓慢而致命的瘫痪。然而某天，植物王国的黑暗面会让你知道它的厉害。当它来临时，你必须有所准备。

我写这本书，并非恐吓人们远离户外。恰恰相反，多花些时间在大自然益处多多，前提是我们必须知道它的威力。我住在加利福尼亚北部的崎岖海岸边，每年夏天，太平洋总会偷袭乐享时光的某个家庭，夺走一条生命。我们这些当地居民都知道，一种“睡眠波浪”会毫无警告地袭来夺命。然而，我热爱大海，不会因此而逃走。对待植物同样如此，它能给养或医治人类，但也会产生破坏力。

本书中有些植物早已声名狼藉。一株杂草杀死了亚伯拉罕·林肯（Abraham Lincoln）的母亲；一丛灌木几乎弄瞎弗雷德里克·劳·奥姆斯特德（Frederick Law Olmsted，美国最著名的景观设计师）；一棵球根花卉，让刘易斯和克拉克（Lewis and Clark）的远征队员病倒；一碗毒芹汁杀死了苏格拉底（Socrates）；最邪恶的植物——烟草，则夺去 9000 万人的生命。生长在哥伦比亚与玻利维亚的一种刺激性灌木古柯，引发了全球毒品战争；而在最早的化学战实例中，古希腊人就用到过嚏根草（hellebore）。

粗野、邪恶的植物，我们也需要去认识。在美国南部，葛根（kudzu）曾吞噬汽车与楼房；一种杀手海藻，逃出摩洛哥雅克·库斯托（Jacques Cousteau）[01] 的水族馆，在无垠的海底展开了杀戮。令人毛骨悚然的尸体花（corpse flower），在尸身上散发恶臭；食肉猪笼草（*Nepenthes truncata*）能吞食掉一整只老鼠；好斗的蚂蚁隐匿在能发出口哨声的刺洋槐（acacia）里，随时袭击胆敢靠近的人。虽然致幻蘑菇（hallucinogenic mushrooms）、有毒藻类是植物王国的外来客，但是它们同某些植物一样也很邪恶，

01 Jacques Cousteau（1910 — 1997），法国海军军官、探险家、生态学家、电影制片人、摄影家、作家、海洋及海洋生物研究者，法兰西学院院士。——本书如无特殊说明，所有脚注均为译者注。

因此也被收入本书。

本书若能让你愉悦、警醒或有所启发，就已经达到目的了。我并非植物学家或科学家，仅是一个对自然世界着迷的作家和园艺爱好者。在全世界数千种植物中，本书所提到的仅是最让人着迷却又邪恶异常的植物。如果你在寻找一本全面的有毒植物辨别指南，本书所附的“参考文献”部分则必有一本适合你。但是如果你怀疑某人植物中毒，请别浪费宝贵的时间在书里寻找症状或诊断。尽管我已经描述很多毒素及其可能的影响，但毒素的效力却因植物的大小、中毒时间、温度、植物的具体部分及进入人体的方式而不同。所以，一旦发生中毒请不要尝试自己去弄清楚啦，抓紧拨打 1-800-222-1222 [01]（美国），联系中毒控制中心或尽快就医。

最后，不要接触陌生的植物或轻视植物的力量。在花园里一定要戴手套，吞食路边的浆果或把根块下锅烹制前，一定要三思。若您有年幼的孩子，一定要教育他们别随意把植物放入口中。让您的宠物，远离有毒植物的引诱。让花卉商店明白，对可能伤害到您的植物一定夹上清晰、准确的标签。在确定有毒（poisonous）、药用（medicinal）

01　这是美国中毒控制中心的急救电话，在中国可以拨打 120 或 110。

和可食用（edible）植物时，一定要有可靠的信息来源（互联网流传着大量的错误信息，很可能会酿成悲剧性后果）。此外，本书并未回避具有醉人效果（intoxicate）的植物，我把它们写出来旨在给大家提个醒，务必远离它们。

不得不承认，植物王国的犯罪元素真是引人入胜。我爱这些捣蛋鬼，不管它是园艺展示会上巨硕的绿玉树（*Euphorbia tirualli*）标本，还是能产生腐蚀性汁液并引发皮肤伤痕的铅笔仙人掌（pencil cactus），抑或在沙漠盛开的致幻月光花（moonflower）或毛曼陀罗（*Datura inoxia*）。与大家分享它们阴暗的小秘密，我觉得十分有趣。要知道，这些机密不只隐藏在偏远的丛林，也许它们就躲在你家的后院哦。

WICKED PLANTS

乌 头

ACONITE

拉丁名 *Aconitum napellus*

科 名 毛茛科 Ranunculaceae

生 境 肥沃潮湿的园土，温暖的气候

原产地 欧洲

别 名 狼毒（Wolfsbane）、附子（Monkshood）、豹毒（Leopard's bane）

1856年，在苏格兰一个名叫“丁沃尔”的村子，举办了一次可怕的宴会。一位仆人被派去挖山葵（horseradish，其根可做调味剂），但是他却带回了乌头（舟形乌头）。厨师并没有发现仆人挖错了东西，把乌头弄碎后加到烤肉的调料里，当客人们吃了烤肉之后，有两名牧师很快不治身亡，所幸的是，其他中毒的人最终获救。

时至今日，人们也常错把乌头当作可以食用的草药。这种生长缓慢但生命力顽强的植物经常栖息在花园里，其身影遍布欧洲和美国。因其有蓝色的花冠，且顶部一片萼片的形状像一个头盔或头巾，而得名“舟形乌头”。它的每一个部分都有极高的毒性。无论何时，园丁们只要接触乌头，都必须戴上手套。外出旅游的人们千万不要被乌头胡萝卜状、白色的根所诱惑。据称，加拿大籍演员安德雷·诺保尔（Andre Noble）[01]就死于乌头之毒，因其

---

[01] 诺保尔是一位热爱大自然及天然食物的素食者。他曾与友人一起坐船到银狐岛，探测岛上花草植物，当时，诺保尔不慎咽下或者触摸了乌头的液汁。数小时后，在亲戚家里进晚餐时，诺保尔忽然感到不适，送院救治，可惜已经抢救不及，去世时，他年仅25岁。

在徒步旅游的时候不慎接触到了乌头。

乌头产生的毒是一种生物碱（生物碱是一种有机化合物，在许多情况下，对人和动物有一些药理作用），称为乌头碱，它会麻痹神经、降低血压，最终让心脏停止跳动。如果误食了它的植株或根，会出现严重的呕吐症状，甚至会导致窒息而死亡。若不经意碰触到皮肤，会造成麻木、刺痛，甚至引发心脏病。正因为乌头碱有如此强大的毒性，纳粹科学家发现可以用乌头碱制作非常有效的毒弹。

在希腊神话里，当大力英雄赫拉克勒斯（Hercules）去冥界将守卫大门长有三头的恶犬刻耳柏洛斯（Cerberus）拖出地狱时，恶犬的唾液滴到地上，长出了乌头，这就是乌头含有剧毒的原因。传说，在古希腊，狩猎者们用有毒的乌头做诱饵来猎取狼，乌头因此又得名狼毒。因其在西方巫术里是“女巫膏”的重要配料，所以早在中世纪乌头就赫赫有名了；在哈利·波特系列故事里，它更是扮演了举足轻重的角色，因为斯内普（Snape）教授用有毒的乌头碱调制成一种魔法药剂，它可以帮助哈利·波特的老师卢平（Remus Lupin）变身狼人。

亲属同盟：和乌头类似的有花呈蓝色和白色的双色乌头（*Aconitum cammarum*）、花形像燕子的飞燕草（*A.carmichaelii*），以及开黄花的乌头（*A.lycoctonum*），它们都属于毛茛科，一般把它们归为狼毒类植物。

箭　毒

ARROW POISONS

在南美和非洲土著部落，人们用有毒的植物制作箭毒已经有几个世纪了。将一种热带蔓生植物的有毒汁液，涂抹到箭状物上，可以为斗士和猎人制造强有力的工具。许多箭毒类植物，包括箭毒马鞍子等，都有麻痹作用。它可以让人停止呼吸，甚至让心脏停止跳动，但是从表面看中毒者并没有痛苦的迹象。

箭毒马鞍子

（或南美防己）

Chondrodendron tomentosum

箭毒马鞍子是一种坚硬的木质藤蔓，它遍布整个南美洲。它含有一种活性很高的生物碱——筒箭毒碱（d-tubocurarine），这种碱常作为一种肌肉松弛剂。猎人也可以用它来捕猎，它可以让猎物迅速停止活动，甚至可以让鸟儿从树上掉下来。如果箭毒是用箭毒马鞍子制成的，那么捕获的猎物是可以放心食用的，因为它的毒性只有直接进入血液循环才能发挥作用，而不是消化系统。

即使动物或敌人当场没有死，他们也会在随后的几小时里，因呼吸系统瘫痪而死。动物实验表明，当动物呼吸系统接触这种毒后，呼吸会立即停止，尽管可怜的小家伙必死，但它的心脏仍会继续跳动一会儿。

19 到 20 世纪，这种药一直发挥着重要的作用，医生们在手术时用其来麻醉患者。不幸的是，它对减轻患者的疼痛没有丝毫的作用，它仅仅起到了避免医生被病人的痛苦挣扎而分心的作用。只要整个手术都借助人工呼吸机，维持肺部功能正常地运转，箭毒马鞍子的毒性就可以逐渐代谢掉，而不致造成长久的副作用。事实上，在 20 世纪，从箭毒马鞍子植物体内得到的提取物，经常和其他麻醉类药物一起使用，但是现在新的改良药物已经取代了它的位置。

马鞍子经常被用来表示从植物分离出来的更广泛意义上的箭毒，包括以下几种：

南美箭毒树

Strychnos taxifera

南美箭毒树是一种生于南美的藤蔓植物，和毒汁马钱木同类（*Strychnos nux-vomica*）。和箭毒马鞍子一样，它也有麻痹作用。事实上，这两种植物经常混在一起使用。

毒毛旋花

Strophanthus kombe

毒毛旋花原产非洲，它含有一种强心苷，可以直接作用于心脏。然而大剂量服用可使心脏停止跳动，它的提取物常用来做强心剂，可以治疗心力衰竭或心律失常。19世纪植物探险家约翰·柯克（John Kirk）先生[01]，得到了一些毒毛旋花，并将它们种到了皇家植物园（邱园），后来无意间竟做了一个医学实验，有一次，他的牙刷意外地沾到了一些毒毛旋花的汁液，当他刷完牙后，他的脉搏竟迅速地往下降。

见血封喉

Antiaris taricaria

见血封喉属于桑科，原产中国和亚洲一些国家。它的树皮和叶子均可产生剧毒的汁液。查尔斯·达尔文（Charles Darwin）的祖父伊拉兹马斯（Erasmus）曾声称，见血封喉的气味足可以杀死数英里之内的任何人。尽管这只是一个传说，但在狄更斯

---

01 John Kirk（1832 — 1922），苏格兰医生，植物学家，获得英国皇家植物园（Kew）历任主任的高度评价。

（Charles Dickens）、拜伦（Lord Bryon）和夏洛蒂·勃朗特（Charlotte Bronte）的作品里均提到了见血封喉的气味有毒。多萝西·塞耶斯（Dorothy L. Sayers）[01] 曾在她的小说中把一个恶毒的连环杀手比喻为“见血封喉的亲表弟”。像其他箭毒一样，见血封喉的汁液含有一种强大的生物碱，可以让心脏停止跳动。

箭毒木

Acokanthera spp.

箭毒木是南美洲一种特定的灌木，它同样也是以攻击心脏而置人于死地。有报道称，通过将此植物的汁液涂抹于蒺藜（*Tribulus terrestris*）带刺的种子上，可以间接地发挥它们的毒性。蒺藜的种子特别坚硬，有一个或多个针状刺，它可以作为简易的尖形武器，落地时能把地面戳个小洞。早在古罗马时代，人们就开始使用这种金属打造的带刺武器了：它很容易打中靠近的敌人。将箭毒木的汁液涂到蒺藜的种子上，可以让毒液有效地进入攻击者的足内，而且半英寸（约 1.3 厘米）长的刺也可以让他们放慢攻击的步伐。

01　Dorothy L. Sayers（1893 — 1957），英国著名的女推理小说家。

卡皮藤

AYAHUASCA VINE

拉丁名 *Banisteriopsis caapi*

科名 金虎尾科 Malpighiaceae

生境 南美热带雨林

原产地 秘鲁、厄瓜多尔、巴西

别名 雅各（Yage）、卡皮（caapi）、纳坦（natem）、达帕（dapa）

违法！

威廉·巴勒斯（William Burroughs）[01] 在热带雨林喝下了死藤茶，并且向艾伦·金斯伯格（Allen Ginsberg）报告了他的发现。爱丽丝·沃克（Alice Walker）也去寻找过这种植物，另外还有保罗·太鲁（Paul Theroux）、保罗·西蒙（Paul Simon）和斯汀（Sting）。卡皮藤曾一度成为专利纠纷、最高法院案件和缉毒案的主要对象。

用卡皮藤的树皮和绿色九节木的叶子混合制成药性很强的一种茶，俗称死藤茶，也有人称其为侯斯卡（hoasca）。绿色九节木含有作用很强的迷幻药成分二甲基色胺（DMT），属于一级管制药品，只有当它的叶片和另一种植物发生作用时，才能显现效果，而这种植物通常是卡皮藤。而后者含有天然产物单氨氧化酶抑制剂，和抗抑郁药的成分类似。同时服用这两种物质，就会让人产生幻觉。

最著名的巴西宗教组织——植物联盟（União do Vegetal,

---

01 William Burroughs（1914—1997），美国作家，与艾伦·金斯伯格及杰克·凯鲁亚克（Jack Kerouac）同为“垮掉的一代”文学运动的创始者，他曾涉嫌吸毒。

绿色九节木

CHACRUNA

拉丁名 *Psychotria viridis*

科名 茜草科 Rubiaceae

生境 亚马孙河下游；南美其他地方也有零星分布

原产地 巴西

别名 查克罗娜（chacrona）

UDV）[01] 就饮用这种茶。他们的仪式通常会持续几个小时，并且受比较有威望教会成员的监督。参加者会产生奇怪的幻觉，有人这样描述："黑色的幽灵驶过，一团团发出嘶嘶声的大长蛇扭在一起，龙喷着火。有一团像人体一样的东西传出尖叫的声音。"

饮用者会产生严重的呕吐。这种呕吐被视为对心理障碍或恶魔的一种心灵净化。参加仪式的人说喝茶可以减轻他们的压力，戒掉他们的不良嗜好，甚至可以治疗医学上的疑难杂症。尽管临床证据不足，但由于死藤茶和抗抑郁剂的成分类似，还是引起了不少研究者的兴趣，他们还呼吁对此进行深入研究。

这种茶也引起了杰弗里·布朗夫曼（Jeffrey Bronfman）的注意，他出生于豪门世家，是威士忌和杜松子酒的缔造者，施格兰（Seagram）饮料的创始者。布朗夫曼在美国组建了一支植物联

01 UDV成立于1961年，美国最高法院裁决批准巴西裔美国人教会组织UDV可以在宗教活动中合法使用这种"死藤茶"。这种植物汁液在南美洲亚马孙河谷的土著中使用已经有非常悠久的历史。

盟（UDV），并且开始进口这种茶。1999 年它的货船被美国海关截获，布朗夫曼提出控诉，要求归还这些茶。案件被联邦最高法院受理，2006 年，法院最终裁定，允许这种茶用于宗教用途。最高法院的此次裁决是基于“恢复宗教自由的法案”（Religious Freedom Restoration Act），美国议会已经通过此法案，该法案是为了回应之前的最高法院裁决反对以宗教为目的使用仙人掌。据报道，教会组织——圣灵派植物救助中心（Centro Espirita Beneficente Uniao do Vegetal），只有 130 个成员，他们只在布朗夫曼圣达菲的家里聚会。美国禁毒署仍旧坚决反对非宗教用途地使用死藤茶和其他含 DMT 的产品。

亲属同盟 1：卡皮藤属于开花灌木和藤蔓类植物大家庭，主要生长在南美和西印度地区。

亲属同盟 2：绿色九节木是咖啡家族的成员，亲属包括金鸡纳树（cinchona）、奎宁树（quinine tree）以及一种有毒且有红酒风味的地被植物甜车叶草（sweet woodruff）。同一种族里，有较强药效的另外一种藤蔓植物是吐根树（*P. ipecacuanha*），其汁液可以制作成治疗植物性中毒的解毒糖浆。

槟榔子

BETEL NUT

拉丁名 *Areca catechu*

科名 棕榈科 Arecaceae

生境 热带雨林

原产地 马来群岛

别名 蒌叶棕（Betel palm）、大腹子（areca）、槟榔（pinang）

槟榔树可以优雅地长到 30 英尺（约 9.14 米）高，它具有深绿色细长的树干，拥有光滑的深色树叶，开出可爱的、香气弥漫于热带微风的白色花儿。这种棕榈树还可以长出槟榔果，大量食用可使牙齿变黑、口水变红。世界上有 4 亿人在食用它。

吃槟榔果的习俗始于数千年前。在泰国的一个山洞里，发现了公元前 7000 到 5000 年前的槟榔种子，菲律宾共和国发现公元前 2680 年的动物骨架，其牙齿被槟榔果的汁液染色。

像古柯一样，槟榔果经常在人的面颊和齿根处被嚼断，通常槟榔果会和其他东西一起食用。在印度，用新鲜的蒌叶包裹一小薄片果子，里面放一些熟石灰 [$Ca(OH)_2$]，加上印度的一些香料，有时就是一些烟草。用于外部包裹的蒌叶是蒌叶蒟酱（*Piper betle*）或“蒌叶”藤（“betel” vine）的叶，一种蔓生的常绿藤本，它的叶子也可产生刺激性物质。事实上，槟榔椰子的英文名字就来源于与它毫无关联却又协同作用的植物。

这种用叶子包裹的果子通常称作咀嚼块，味道有点苦、有点辣，而且能够产生像尼古丁一样的生物碱。食用者会精神抖擞，获得轻微的快感，并且产生比受其他任何刺激都多的唾液。

当咀嚼槟榔子时，只有一种方法处理从嘴里不断流出来的红色唾液，那就是把唾液吐出来（如果咽下去可能会引起恶心呕吐）。在槟榔子很受欢迎的国家，其道路两旁吐满了红色的唾液。如果这个听起来有点不令人愉快的话，看看诗人兼作家史蒂芬·福勒（Stephen Fowler）的描述吧，他说："唾液就像开了闸似的，会让人产生一种近似性高潮的快感。最令人开心的是那种意犹未尽的感觉：当咀嚼完，你的嘴就会感到前所未有的新鲜和甘甜。你会感觉自己被彻底洗礼、排空和纯化。"

槟榔子在印度、越南、巴布亚新几内亚、中国部分地区，尤其是中国台湾特别受欢迎，正因如此，政府一直严格监管那些所谓的"槟榔西施"，因为她们经常穿着很暴露地站在路边，把槟榔子卖给正在开车的卡车司机。

嚼食槟榔会让人上瘾，戒断症状类似毒瘾发作的症状——头疼和出汗，而且经常咀嚼槟榔子还会增加患口腔癌症、哮喘和心脏疾病的概率。世界上槟榔的利用没有得到有效的控制，公共卫生组织担心它会成为和烟草一样危害人体健康的东西。

亲属同盟：槟榔属（Areca）包括50多种槟榔，其中最著名的当属椰子槟榔了。它的犯罪同谋有和胡椒（*P. nigrum*）是近缘、作为黑胡椒的原料的蒌叶蒟酱（*Piper betle*），以及作为甘甜的草本保健品卡瓦原料的醉胡椒（*P. methysticum*）。

蓖麻子

CASTOR BEAN

拉丁名 *Ricinus communis*

科名 大戟科 Euphorbiacea

习性 喜好温暖、冬季气候温和土壤肥沃、阳光充足的地方

原产地 非洲东部；西亚的部分地区

别名 克里斯蒂棕榈（Palma Christi）、蓖麻（ricin）

1978 年秋天的一个早上，英国广播公司（BBC）的记者乔治·马可夫（Georgi Markov）穿过伦敦滑铁卢（Waterloo）大桥去等车。他突然感觉大腿后部一阵针刺的疼痛，立即转过身向后看，他看到有人捡起掉在地上的伞，并且小声地说了声对不起就跑掉了。接下来好多天，他都在发高烧，而且不能讲话，开始吐血，最终在医院不治身亡。

病理学家发现他几乎全身的器官都有出血症状。这位病理学家在马可夫的大腿上也发现了一个小伤疤，在他的腿里还有一个小金属弹丸。金属弹丸里含有蓖麻毒素，这种毒是从植物蓖麻中提取出来的。尽管克格勃（KGB） 特工因此受到了怀疑，但是最终也没有查出是谁指使了那个不知名的“雨伞杀手”。

蓖麻是一年或多年生灌木状草本，叶片深裂，雌蕊合生（复雌蕊），种子外布长刺。一些变种如茎变为红色茎、叶片上着生酒红色斑点比较受欢迎。在适宜生长的季节，蓖麻可以长到 10 英尺（3 米）多高，如果冬季未被冻死的话，还会形成坚硬的树丛。

蓖麻仅种子有毒。尽管三四个蓖麻种子就可以杀死一个人，但人们还是能幸免于蓖麻之毒，这可能因为蓖麻子比较难吞咽，或者可以通过快速洗胃排毒吧。

许多世纪以来，蓖麻油（已去除蓖麻毒素）一直是一种比较受欢迎的家庭药物。一汤匙蓖麻油就是有效的泻药。将蓖麻油涂在皮肤表面可缓解肌肉疼痛，还有消炎作用。蓖麻油也被用在化妆品和其他产品中。

即使这样，这种天然植物油也未对人类完全仁慈：19 世纪 20 年代，墨索里尼的刽子手经常将他的反对者捆起来，把蓖麻油灌到他们的喉咙里，造成他们严重腹泻的丑相。舍伍德·安德森（Sherwood Anderson）[01] 是这样描述这一折磨人的酷刑的："法西斯的行为特别荒唐，他们穿着黑衬衣，看起来特别严肃认真，瓶子从后面口袋露出来，跟在示威者的后面。然后就是可怕的突然袭击，一名不幸的苏联红军就被扔到路边，刽子手就把盛有蓖麻油的瓶子塞到他嘴里，隐约还听到亵渎宇宙所有神灵和魔鬼的话语。"

亲属同盟：飞杨草（garden spurge）又称大戟（euphorbia），是一种著名的含大量的刺激性乳汁的植物；猩猩木（poinsettia，也叫一品红）也能产生一些白色乳汁，但是却不是传言中那样危险；橡胶树（*Hevea brasiliensis*）产生天然的橡胶。它们都是蓖麻的亲属植物。

01　Sherwood Anderson (1876 — 1941)，美国散文作家，其作品影响了第一次世界大战和第二次世界大战之间的美国短篇小说的写作。

神判毒药

ORDEAL POISONS

19 世纪，欧洲探险家之间流传着这样一个传说：在非洲西部有一种神奇的豆子，它能够判定一个人有罪抑或清白。按照当地风俗，被告要吞下这种豆子，接下来所发生的事情将决定审判的结果。如果被告能将豆子吐出，就证明他是清白的；如果吐不出豆子，则证明他是有罪的，那么将受到应得的惩罚。还有第三种情况存在：如果豆子通过消化系统后，仍能完整地排泄出来，那么他也是有罪的，不过只是将他卖为奴隶作为对他的惩罚。（16 世纪初期以来，西部非洲的奴隶贸易一直很猖獗，所以这种滑稽的事情才得以存在于当时的刑事审判系统中。）

这就是著名的神裁法，审判中用到的豆子即称为神判豆子。有几种植物供选择：当法官倾向于对被告从轻发落时就会选择毒性小点的植物。

毒扁豆

CALABAR BEAN

Physostigma venenosum

毒扁豆是神裁之毒的首选，它适宜温暖的热带气候；可以长到 50 英尺（15.24 米）高；它的花红红的，很可爱，就像（北美）红花菜豆一样，它也有长长的豆荚和饱满的黑色种子。

毒扁豆毒性的有效成分是毒扁豆碱。它就像神经毒气一样，破坏神经和肌肉的联系；会导致分泌大量唾液、痉挛和大小便失禁；甚至导致呼吸系统瘫痪，使中毒者因窒息而死亡。

它的化学成分，与空想心理学有关，这也刚好说明在神裁中那些可怜的被告为什么会有不同的反应。如果被告知道他们是无辜的，那么他们会很快速地咀嚼豆子，并坦然地将它咽下，这样不用服用太多，就会在豆子发生毒害前产生呕吐感，迅速地将它们吐出。如果被告原本就有罪，再加之惧怕死亡，那么食用者就会只吃一点，然后慢慢地吞咽。戏剧性的是，这样做的后果看似延长了自己的生命，其实会使有毒成分慢慢地渗入到体内，最终导致死亡。

19 世纪 60 年代前，毒扁豆一直是伦敦人经常谈论的话题。

詹姆斯·利文斯顿（James Livingstone）医生从非洲回来，带来了被他称为格木（*muave*）的毒药，并记载了当时的非洲部落首领自愿服用格木以证明他们的纯洁而勇敢的灵魂，抑或证明他们没有被施以巫术。探险家玛丽·金斯利（Mary Kingsley）是一位勇于打破禁锢的先驱者，她曾独自穿越非洲，1897年，她记载了一些部落成员在服用"神药"前会默念这样一句话："如果我真的犯下如此的罪行……那么，姆比昂（Mbiam）！请处置我吧！"

虽然这些"吟唱"耸人听闻，但英勇的英国科学家却没有因此放弃拿自己做实验的念头。1866年，伦敦《泰晤士报》曾报道过"为科学献身"的故事，他们是这样描述罗伯特·克里斯蒂森（Robert Christison）[01]先生的："他拿新进口的毒扁豆在自己身体上做实验，差点将自己杀死……但是最终幸运地脱离了死神的魔爪。"

毒海芒果

TANGHIN POISON-NUT

Cerbera tanghin

毒海芒果全身都有毒，在马达加斯加它被当作自杀之树使用；甚至燃烧它的枝条产生的烟也是有毒的。然而，获得这种毒药如此的便捷，毒海芒果正因此才在神裁法中得以运用。

01　Robert Christison（1797—1882），医师、毒理学家，曾为英国爱丁堡皇家内科医学院院长。

基尼格木树皮或非洲围涎树皮

SASSY BARK OR CASCA BARK

Erythrophleum guineense

或 *E.judiciale*

这种树在刚果河沿岸地区被大量使用，它粗糙的红褐色树皮有非常大的毒性，以至于能让心脏停止跳动。农场主都知道让他们的家畜远离这些树，因为这些树足以杀死一只阉过的公牛。这种树又叫“折磨人的树皮”或“神判树皮”。

马钱子

STRYCHNINE TREE

Strychnos nux-vomica

马钱子的种子有非常强的毒性，因此也被当作神判用的毒药。任何得到马钱子种子想要证明自己清白的囚犯都必须快速申请换用其他的毒药，因为马钱子碱会引起窒息而导致抽搐和死亡，而不是呕吐。

见血封喉

UPAS TREE

Antiaris taxicaria

这种产自印度尼西亚的树可以产生剧毒的汁液，经常用作箭毒。它曾经被误认为可以产生麻醉毒气，传说要想轻易地杀死那些死囚，只要将囚犯捆在见血封喉的树上，让它产生的汁液和毒气慢慢毒害他们的身体即可。

古　柯

COCA

拉丁名　*Erythroxylum coca*

科　名　古柯科 Erythroxylaceae

生　境　热带雨林气候

原产地　南美洲

别　名　可卡因（Cocaine）

1895年，西格蒙德·弗洛伊德（Sigmund Freud）[01]写信给一位同事说：“使用可卡因麻醉我的左鼻子对我产生了惊人的效果。”就是这个不起眼的小灌木，彻底改变了弗洛伊德的人生观。“在最后的日子里，我感觉出奇的好，”他还写道，“仿佛一切都消失了……我感觉好极了，仿佛一切都是美好的。”

考古迹象表明，公元前3000年，人们将古柯的叶子放在牙龈和面颊之间作为中度兴奋剂。在秘鲁印加文明鼎盛时期，统治阶级掌控古柯的供应，16世纪西班牙侵略者到达以后，天主教会就禁止使用这种可怕的植物了。最终，因现实所迫，西班牙政府才允许有节制地使用古柯，并且规定当给那些被迫工作在金矿或银矿的奴隶使用时，必须缴纳一定的税金。西班牙人发现，不用吃太多的食物，只要给土著居民食用足够的古柯，就可以让他们长时间地快速工作。（纵使服用数月后奴隶们大都会死亡，但

01　Sigmund Freud（1856—1939），奥地利内科医生，精神分析学的创立者。

侵略者们也从未在乎过。）

19世纪中期，意大利医生保罗·曼特加扎（Paolo Mantegazza）促进了古柯叶在医疗和休闲方面的开发。他痴迷于自己的发现，不禁这样描写道："我以两片古柯叶子为双翼，飞越77438个词汇也无法穷尽的壮丽空间，我禁不住嘲笑那些被禁锢在眼泪之谷中的可怜的凡人。"

可卡因是一种从古柯叶中提取的生物碱，它能减轻伤痛、帮助消化，是一种全能的健康振奋剂。可口可乐早期的配方里只有微量的可卡因；可口可乐公司的配方是绝对保密的，古柯的提取物也一直被认为是一种不含可卡因生物碱的添加剂。美国一家工厂通过合法的途径，从秘鲁的国营古柯公司进口古柯叶子，加工后变成可口可乐的秘密配料，同时还提取可卡因作为医疗的局部镇痛剂。

古柯树能激发人们的斗志，不但能引发人类之间的战争，而且不同古柯之间、古柯与其他植物之间也彼此抗争，这也许就是这种植物最致命的特性。一株正常的灌木，一年可生产3倍于农作物的新鲜的有光泽的叶子。它叶子里的可卡因和其他生物碱是一种天然的杀虫剂，就算遭受害虫的袭击仍旧能生长旺盛。尽管有好几种古柯树能提取可卡因，但常用的是一种生长在安第斯山脉东部的古柯（*Erythroxylum coca*）。

安第斯山土著居民依旧咀嚼古柯叶子作为中度兴奋剂。一些药理研究表明，食用古柯叶与可卡因对大脑的刺激部位不同，因为咀嚼古柯叶为人们提供一种柔和且不会让人上瘾的刺激。令人惊奇的是，古柯叶的营养价值非常高，钙的含量也相当高，以至于玻利维亚政府分管国有古柯公司的一位部长竟建议小学生吃古柯叶代替喝牛奶。

这种灌木曾在另一种敌人的袭击中死里逃生：一种通过航空喷雾器喷洒的除草剂——草甘膦（glyphosate）。药物防治计划因为一种高抗性的古柯新品种玻利维亚古柯（*Boliviana negra*）而终止。很显然，科学家并未在实验室对这个新品种做过任何处理，因为在田间很容易就能发现具有天然抵抗力的植株，并且遍布所有的农场。

古柯传统种植的倡导者指出：安第斯山脉人民种植古柯起源于几千年前，而可卡因的发明仅可追溯于150年前的欧洲。因为可卡因的利用才引起了一系列的问题，所以他们建议，应关注研制可卡因的那些国家，而不是在古柯植物本身上浪费精力。

亲属同盟：古柯（*Erythroxylum coca*）是古柯科最著名的一种，但是爪哇古柯（*E. novagranaense*）也含有可卡因生物碱。红古柯（*E. rufum*）或假古柯在美国一些植物园也能找到。

洪堡鼠李

COYOTILLO

拉丁名 *Karwinskia humboldtiana*

科 名 鼠李科 Rhamnaceae

生 境 西南干燥沙漠

原产地 美国西部

别 名 图里多啦（Tullidora）、西玛榕（cimmaron）、黑李（palo negrito）、卡布琳西罗（capulincillo）

洪堡鼠李是生长于美国得克萨斯州平原地区的一种中型灌木，株高一般不会高于5—6英尺（1.5—1.8米）。叶片浅绿，全缘，花呈淡绿色，植株较不起眼，秋天结果，果实呈黑色圆形，却令人难以忘怀。

洪堡鼠李果实含有一种令人麻痹的成分，但不是立即发生作用的。不慎食用的人在几天甚至几周内可能都无法意识到自己已经中毒，直到某一天麻痹症状出现，他刚巧要穿过黑暗的山脉道路或企图从珠宝商店的安全报警器下溜走，那么就更加不幸了。天哪，什么样的造物者才会发明这样一种怪异的毒药啊？

它的浆果虽然看上去无害，但是动物误食后腿可能失去控制，或在不明情况下突然向后跌倒。实验研究表明，一定剂量的洪堡鼠李果实会导致动物四肢瘫痪。在灌木丛中误食了这种果实的牲畜，可能最终导致肢体完全失去控制，甚至死亡。

洪堡鼠李果实先使脚部麻痹，然后麻痹的感觉扩散至腿的下部。一旦扩散到整个肢体，接下来就可能导致呼吸骤停，甚至失声。

这种植物在得克萨斯州和墨西哥边界生长茂盛。据说，*coyotillo* 这个名字是从西班牙词语 *coyote*（北美小狼）衍生而来，本义是帮助非法移民穿越美国危险边界的人。研究统计，某两年内墨西哥有近五十人因误食这种浆果而死亡。

洪堡鼠李在得克萨斯州南、新墨西哥州以及墨西哥北部的峡谷和干燥河床生长茂盛，极度耐热和耐旱，生长环境良好时株高可达 20 英尺（大约 6 米），像小树一样高。

亲属同盟：洪堡鼠李是鼠李科植物，此科许多灌木为蝴蝶的寄主植物，果实大多为浆果，但并非全部有毒。

你的最后一株盆栽植物

THIS HOUSEPLANT COULD BE YOUR LAST

有些温室植物虽然非常受大众欢迎，但是它们的毒性却超乎想象。这类植物之所以受欢迎，不是因为它们可以作为宠物和小孩的零食，而是因为它们可以在全年温度为 50 — 70 华氏度（10 — 21℃）的环境中健康生长。这也是为什么许多温室植物都是来自南美和非洲丛林的热带植物的原因。

猩猩木（poinsettia）[01]，是骂名最多的室内植物之一，其实这并不名副其实。作为大戟科的成员之一，它的汁液确实有轻微的刺激性，但也仅此而已。但是在节日中，它却背负了很大的负面新闻，而其他真正毒性大的植物却被人们所忽视。

01　又叫圣诞红和一品红。

和平百合

PEACE LILY

Spthiphyllum spp.

一种生长在南美的白色花，花形类似马蹄莲。2005 年中毒控制中心接到很多因和平百合中毒的求救电话（这可能并不是因为它的毒性较强而是因为它非常受欢迎）。和平百合含有草酸钙盐结晶成分，会刺激皮肤和口腔，导致吞咽困难及恶心等症状。

英国常春藤

ENGLISH IVY

Hedera helix

这是一种非常常见的用于户外地面绿化的欧洲藤本植物，它也是流行的室内盆栽植物。它的浆果非常苦，所以比较难吃，误食可能会导致严重的肠胃综合征、呼吸问题及精神错乱等。其叶片的汁液可以造成严重的皮肤刺激并产生水疱。

喜林芋

PHILODENDRON

Philodendron spp.

这是一种原产于南美西印度群岛的藤本植物，全株含有草酸钙成分，咀嚼一片叶片会轻微灼伤口腔或让人有呕吐的感觉，吞食叶片就可能导致严重的腹痛，多次的皮肤接触可能会发生严重的过敏反应。仅 2006 年美国中毒控制中心就接到 1600 起因喜林芋中毒的电话。

花叶万年青或哑丛根芋

DIEFFENBACHIA OR DUMB CANE

Dieffenbachia spp.

一类南美热带植物，因其能刺激声带发炎，让人暂时失声而闻名。这个属的一些种曾被用作箭毒的部分成分，它们都可以对口腔和咽喉产生严重的刺激，导致舌头和面部肿胀，以及严重的胃部问题。它们的汁液也会刺激皮肤，如果碰触到眼睛就会导致疼痛和对光敏感。

垂叶榕树和橡胶树

FICUS TREE AND RUBBER TREE

Ficus benjamina, F. elastica

这两类室内植物和桑科亲缘关系较近，分泌的汁液会导致严重的过敏反应。有一个病例描述了一位妇女发生了过敏反应及其他一些令人恐怖的症状，当把榕树从她家搬走后那些症状就神奇地消失了。

铅笔仙人掌或牛奶灌木

PENCIL CACTUS OR MILKBUSH

Euphorbia tirucalli

这种非洲植物，并不是真正的仙人掌，因它的长形、皮呈肉质的茎干而得名。铅笔仙人掌因其令人称奇的建筑学外观而成为现代室内设计的新宠，但同其他大戟科植物一样，它分泌一种具有腐蚀性的汁液，会导致严重的皮疹和眼部刺激。在室内它需要适度修剪来达到较为合适的大小，园艺师们很奇怪为什么他们在修剪过程中常常会产生疼痛的反应。

珊瑚樱或圣诞樱桃

JERUSALEM CHERRY OR CHRISTMAS CHERRY

Solanum pseudocapsicum

市面上被当作一种装饰性胡椒树，其实却和颠茄有较近的亲缘关系，植物的所有部位都含有一种生物碱成分，会导致虚弱、昏迷、恶心、呕吐以及心脏问题。

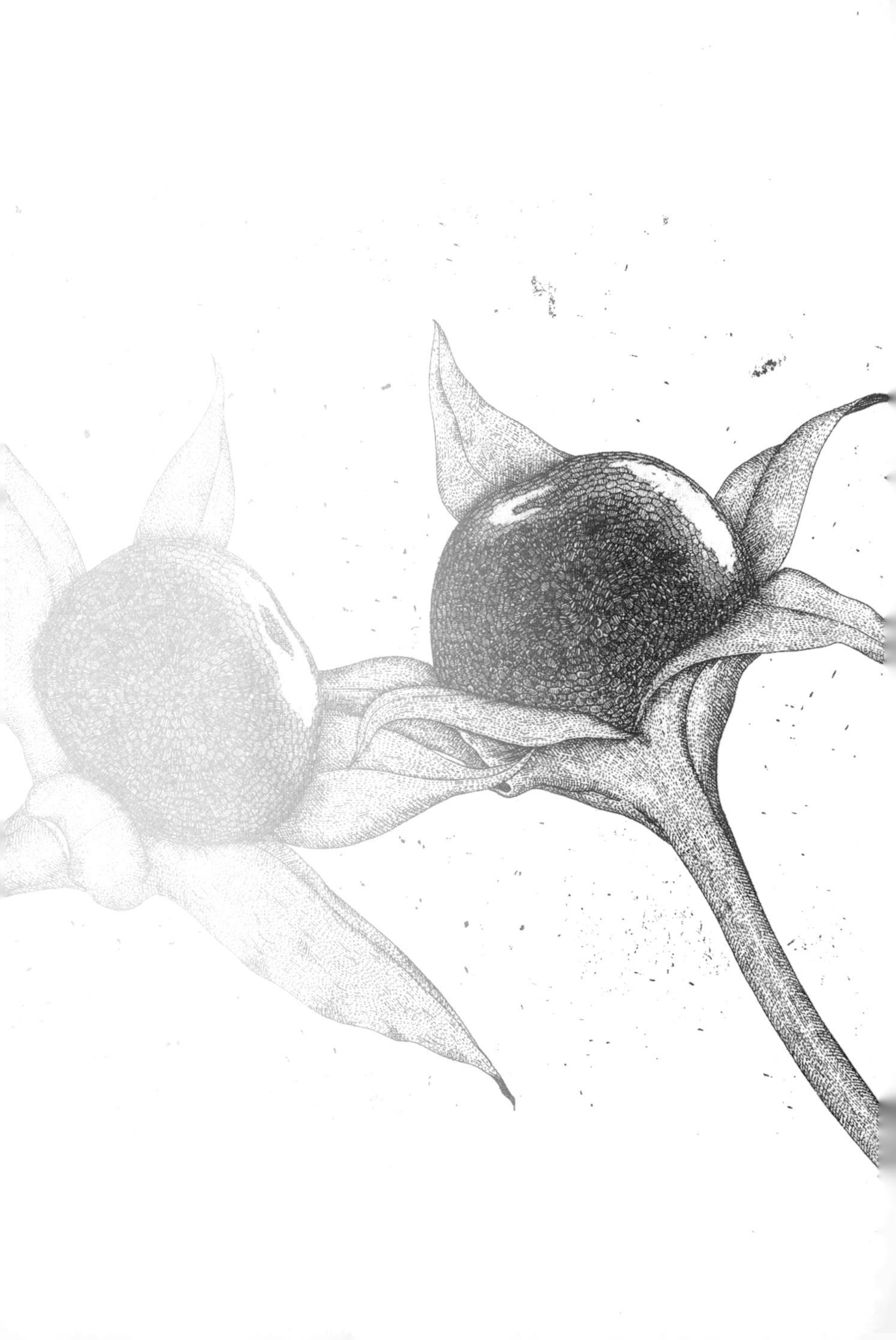

颠　茄

DEADLY NIGHTSHADE

拉丁名　*Atropa belladonna*

科　名　茄科 Solanaceae

生　境　阴湿的地方，种子需要潮湿的环境才能发芽

原产地　欧洲、亚洲、北非

别　名　漂亮女人（Belladonna）、魔鬼樱桃（devil' s cherry）、得瓦尔(dwale，盎格鲁—撒克逊语中意思是“愚民或催眠的饮料”）

植物学教授沃尔特斯（Henry G. Walters）在1915年预测了食肉植物和有毒植物杂交育种的可能，他相信，如果有毒植物拥有了“食肉植物强健的系统，它可能会比霍乱更危险”。沃尔特斯教授还称，植物也会有爱的能力和记忆，同时它们也可能有爱人般的妒忌和怨恨，他相信颠茄就是充满仇恨的一种植物。

这种植物的全株都有毒，仅仅皮肤接触就可能肿起脓包，它的黑色浆果是整株植物最具诱惑性的部分。1880年，弗吉尼亚一个名叫查尔斯·威尔逊（Charles Wilson）的农民因为颠茄的果实而失去他的孩子们。这些年幼孩子的简洁讣告暗示了一个痛苦难忍的周末：“最小的孩子在上周四第一个死去，第二个在周日晚上，第三个，最后一个孩子也在周一去世。”

即使今天，因为颠茄中毒的故事也出现在医学文献中。一个老年妇女屡次因为精神病而入院，医生无法查明她产生幻想、错觉和头疼的原因，每次隔几天后，这些症状就会自行消退，后来，她的女儿带来一把从母亲家附近的灌木丛采来的浆果，每年秋天

当颠茄果实成熟时，她都会采来食用，但不知为什么她却逃脱了丧命的危险。

其实还有很多的案例，其中一个在医学史上很有名的故事是，一对夫妻竟然把颠茄的果实当作食用的越橘烤了一个派，结果可想而知。在土耳其，有记载显示，在六年的时间里颠茄果实曾经导致四十九个儿童患病，很多儿童是出于好奇而误食了这种果实，有一个孩子却是因为父母相信这种果实可以治疗腹泻而食用。

颠茄果实发挥它的黑色魔力是通过一种叫作阿托品的生物碱成分，这种成分会导致心跳加快、意识模糊、幻觉和痉挛等令人难受的症状，在有些止痛药中有添加阿托品以防止患者上瘾。医学院的学生有这样的口诀帮助他们记住阿托品中毒的症状："烧如脱兔，盲若蝙蝠，干似枯骨，红比甜菜，癫胜汞[01]毒。""癫（颠）"在这里是无须赘述的，那也是颠茄中毒的标志。

这种多年生草本植物是在欧洲、亚洲和北美的潮湿、阴暗地带发现的，它高三英尺左右（约0.9米），叶子椭圆形，边缘有锯齿，管状花呈紫褐色，黑得发亮的浆果从这些花里长出，最初为绿色较为坚硬，成熟时慢慢转红，完全成熟时变成光亮的黑色并自行脱落。

早期的内科医生将颠茄、毒芹、曼陀罗、天仙子、鸦片和其他草药混合作为外科手术的麻醉剂，阿托品在现代医疗中也作为一种神经毒气和杀虫剂中毒的解毒药应用。

意大利女性为了使瞳孔的颜色变淡更加迷人，往眼睛里滴一

01　原文是 mad as a hatter，Mad Hatter（疯帽子）是《爱丽丝梦游仙境》中的一个角色，医学上常用 mad hatter 代指汞中毒。

种颠茄的温和酊剂，“belladonna”这个词就是由此而来，它的意思是“漂亮女人”；也有一种说法是这个词起源自中世纪一位用神秘的药水治疗穷人的巫医博纳多纳（*buona donna*）。

颠茄（*Atropa*）这个词起源于希腊神话的三个命运女神之一，这三个女神在决定人的一生中各自起着作用，拉刻西斯（Lachesis）是主宰人生命之线长短的女神，克罗托（Clotho）是编织人生命运的女神，最后一位，阿特洛波斯（Atropos）是决定人死亡时间和死亡方式的女神，弥尔顿（Milton）笔下是如此描述她的：失明的女神，带着可恶的剪刀，剪断如细丝般的生命。

亲属同盟：茄科是一个大的科，包括很多种有特性的植物，如天仙子（henbane）、曼德拉草（mandrake spicy）、曼陀罗（Habanero）和智利辣椒（chile pepper）。

棋盘花

DEATH CAMAS

拉丁名 *Zigadenus venenosus*

科名 黑药花科 Melanthiaceae

生境 水草地，草甸

原产地 北美，主要为西部

别名 黑蛇根（Black snakeroot）、星星百合（Star lily）

几种棋盘花属植物在美国西部草原生长旺盛，叶子扁平带状，花朵簇生呈星形，粉红、白色或者黄色。这类植物整株均含有有毒的生物碱类物质，虽然在不同种植物间生物碱的含量会有所差异，但安全起见，最好视这一类植物都具有剧毒。误食这类植物的任何部分包括球茎，都会导致流口水、口吐白沫、呕吐、极度虚弱、脉律不齐、意识模糊和头晕等症状，严重时可能导致全身痉挛、昏迷甚至死亡。

对于动物来说，棋盘花属植物中毒也是个严重问题。在早春没有太多食物时，羊可能会接近这种植物，如果当时地面潮湿，它们可能将整株植物拉出食用，动物中毒后没有任何治疗措施，通常被发现时均已死亡。

食品营养和历史学家麦金托什（Elaine Nelson McIntosh）近来发现棋盘花属植物在路易斯–克拉克（Lewis – Clark）探险队成员曾经面对的可怕疾病中扮演重要角色。1805 年 9 月，这个探险队试图穿越比特鲁山（Bitterroot）尤其险峻的一段洛基山脉

（Rockies），此间成员一度因食物极度缺乏而营养不良，导致身体脱水、眼睛痛、发疹、生疮以及伤口不愈合等症状，9月22日，团队设法从内兹佩尔塞（Nez Perce）部落得到一些食物，包括鱼片干和类似蓝色卡玛斯百合（blue camas，*Camassia* spp.）根的东西，这两样东西他们都曾经吃过而没有发生任何问题。

而团队的成员在食用了这些东西后产生了严重的虚弱、腹泻和呕吐的症状，路易斯自己也因此病了两周之久。麦金托什博士认为这些成员可能将棋盘花属的根部当作蓝百合根部而食用，因为在那个季节，这种植物的花还没有开放，而棋盘花和蓝色卡玛斯百合在没有开花的情况下是很难分辨的，即使是当地的印第安人非常熟悉这种球茎，也难免会搞错了。为了等待团员恢复，他们不得不暂时中止了探险。直到团队成员身体恢复，他们才再次出发，步履蹒跚，到了冬天，逼不得已吃掉随行的狗并尝试别的陌生植物的根部以补充体力。

亲属同盟：棋盘花曾经被分在百合科，现在所在的属中大多是球根类且大多有毒。和它亲缘关系较近的植物包括白藜芦（*Veratrum album*）和延龄草（*Trillium* spp.）。

致命晚餐

DEADLY DINNER

玉米、土豆、豆子和腰果，它们有什么相同的特点呢？答案是，在特定的条件下，它们可能都是有毒的。世界上有很多重要的粮食作物都含有毒性成分，因此需要煮熟或者同其他食物一起食用以保证它们的安全性。有些作物如山黧豆，就将一场饥荒变成了更大的灾难，为此，它也赢得了世界性的声誉。

山黧豆

GRASS PEA

Lathyrus sativus

也叫野豌豆，是地中海、非洲、印度以及亚洲的部分地区常见的一种食物。野豌豆同其他豆类一样也是补充人体蛋白质的一种优质食物，但是它也含有一种名叫 β-N—乙二酰—二氨基丙酸或者 β-ODAP 的神经毒素。β-ODAP 中毒的最初症状是腿部无力，最终这种毒素杀死神经细胞，如果受害者得不到及时治疗的话会导致下肢瘫痪乃至死亡。

那么粉末、粥及炖肉中怎么会存在这种豆子呢？如果豆子在水里经过较长时间的浸泡，或者在制造面包和煎饼的时候使之发酵，便会降低危险。山黧豆是少有的耐极度干旱的粮食作物，人们往往在干旱、食物缺乏条件下，因为缺少足够的水分去浸透豆子而食之中毒。

希腊名医希波克拉底（Hippocrates）曾经警告人们不要多吃让腿部感到无力的豆子。在当今的埃塞俄比亚和阿富汗地区发生过一个较大的悲剧，主妇们专门把这种蛋白质含量较高的豆子留给养家的男人补充体力，却起了反作用，山黧豆导致他们无法直立只能靠膝盖爬行。（有报道称，“对大部分山黧豆中毒的人来说并不会选择轮椅,他们更倾向于生活在有泥土地板的木屋里。”）当干旱退去，即使他们停止食用这种豆子，依然有可能终生残疾。

弗兰西斯科·戈雅（Francisco Goya）在大约 1810 年一幅名

叫“拜山黧豆所赐”（*Gracias a la Almorta*）[1] 的铜版画中描述了一个发生在西班牙抗击拿破仑部队的独立战争中，山黧豆中毒的极折磨人的悲惨情形。

山黧豆植株的外观很像香豌豆，它是一种具有细小卷须的藤本植物，花朵蓝色、粉红、紫色或白色，常被用作牛的饲料，也经常在世界很多国家的美食中出现。

玉 米

CORN

Zea mays

美洲原住民懂得如何烹饪这种当地食物才安全。传统食谱要求加熟石灰或一种常见的矿物氢氧化钙到玉米里（最传统的墨西哥玉米粉圆饼食谱依然保留加石灰的步骤），没有石灰的话，玉米中的尼克酸（Niacin）无法被人体吸收。其实这并不是什么大问题，除非人们只吃玉米或者把它作为最主要的食物。早期的移民者不明白这样的危险，当这样的情况发生时，会导致一种严重的尼克酸缺乏症——糙皮病。

早在1735年，当玉米刚从新大陆被引进的时候，西班牙及其他贫穷欧洲国家的人们就有了糙皮病的症状，这些症状包括四个“D”：皮炎（dermatitis）、痴呆（dementia）、腹泻（diarrhea）和死亡（death）。实际上，两位研究者写信给英国医学期刊，提出欧洲神话里关于吸血鬼的传说可能是由糙皮病患者惨白的皮

---

[1] Francisco Goya（1746—1828），西班牙著名宫廷画家。这幅画展现了一群人或站着或坐着围绕在一个装有山黧豆的大锅旁边，其中有一个妇女已经不能走路而瘫痪在地上，即使这样仍旧伸出拿着小碗的手去等待从锅里盛出的救济食物。

肤而激发的灵感，布拉姆·斯托克（Bram Stoker）的电影《德古拉》（*Dracula*）中有这样的描述：暴露在阳光下会长出水疱的苍白皮肤，由于痴呆而导致的失眠，因消化系统的问题无法食用普通食物，死前就一直持续这样的病态。

在20世纪上半叶，美国有三百万人得了糙皮病，其中十万人死亡。这种病直到20世纪30年代才得以治疗。当今社会玉米作为一种辅食，已经成了一种完美健康安全的食物，不过一定要和其他食物一起食用哦。

大 黄

RHUBARB

Rheum x hybridum

这种亚洲植物的叶片含有较高水平的草酸，会导致虚弱、呼吸困难以及胃肠道的问题，严重时甚至昏迷和死亡。1917年《伦敦时报》报道了一位部长食用了一道大黄叶子做的菜而导致死亡，这道菜的主厨声称她是根据报纸上的一个名为“战争年代小食谱：来自国际烹饪学校”的食谱而做的。实际上，在战争年代，食物比较贫乏，但是这个食谱却同时对战士和平民造成了另一种威胁。

接骨木

ELDERBERRY

Sambucus spp.

这种果实常被用在果酱、蛋糕和馅饼里，但是其未加工时却是危险的。1983年一群正准备撤离加利福尼亚中心的人由于不慎饮用了接骨木鲜果汁,不得不临时通过直升机降落到一家医院。这种植物的很多部分,包括未加工的果实,均有不同含量的氰化物,通常不慎食用的人会经历严重的呕吐,而后痊愈。

腰 果

CASHEW

Anacardium occidentale

食品商店从不出售生的腰果是有原因的,腰果树是与毒葛(ivy)、毒橡树(poison oak)和毒漆树(poison sumac)同一个科的植物,它们均含有一种有刺激性气味的树脂——漆酚,腰果树的种子本身是完全无毒的,但是如果它在采收过程中接触到有毒的外壳,将会导致生食的人发生严重的皮疹。由于这个原因,腰果常常敞开蒸熟,即使有些看起来像是生的也是加工成半熟的了。1982 年宾夕法尼亚州的一个少年棒球联盟成员从莫桑比克进口大袋腰果拿来销售,一半吃了这种腰果的人发生了过敏症状,过敏分布在手肘内侧、腋窝及臀部,因为有些腰果袋子里包含有几片的果壳,这就如同添加了毒葛叶子到腰果中一样。

红芸豆

RED KIDNEY BEA

Phaseolus vulgaris

红芸豆是一种非常安全和健康的食物,除非新鲜未加工时食用。芸豆的有害成分名叫植物凝血素(phytohaemagglutinin),会导致严重的恶心、呕吐以及腹泻,如果只食用了四到五颗生芸豆，导致的症状会很快恢复，在慢炖锅里新鲜豆子未完全煮熟是红芸豆中毒的主要来源。

马铃薯

POTATO

Solanum tuberosum

这种可怕的茄科植物含有一种有毒的茄碱（solanine）成分，会导致灼烧感及胃部不适症状，极端情况下甚至昏迷和死亡。烹饪加工过程会除掉马铃薯的大部分的茄碱成分，但是如果马铃薯在阳光下暴露太长时间，颜色变绿，它的茄碱成分含量可能会更高。

西非荔枝果

ACKEE

Blighia sapida

西非荔枝果在牙买加人饮食中占重要地位，只有它的假种皮（种子周围的果肉）是可以安全食用的，而且必须是成熟到特定程度的果实，否则也是有毒的。牙买加人呕吐症，也就是西非荔枝果中毒，如果没有得到及时救治会导致死亡。

木 薯

CASSAVA

Manihot esculen.

木薯是拉丁美洲、亚洲和非洲部分地区的一种重要的粮食作物，它的根部可以像马铃薯一样加工后食用，也可以把它根部的淀粉提取出来制成木薯布丁和面包。不过木薯含有一种名为亚麻苦苷（linamarin）的成分，会在体内转变为氰化物，这种成分只有通过复杂耗时的加工方法包括浸泡、干燥等才能去掉大部分，但是这种方法并不完美。在干旱的季节，木薯的根部会生成更多的亚麻苦苷，饱受饥荒困扰的人们可能因不慎食用过多的没有经过充分加工的木薯而中毒。

木薯中毒可能会致命，即使在很低的水平下也会导致慢性中毒，如非洲人因为饥荒引起的一种肌肉痉挛疾病（konzo），中毒症状包括虚弱、颤抖、失去平衡以及视力减弱和局部瘫痪。

麦角菌

ERGOT

拉丁名 *Claviceps purpura*

科名 麦角菌科 Clavicipitaceae

生境 在禾谷类作物如黑麦、小麦和大麦上寄生

原产地 欧洲

别名 黑麦麦角碱（Ergot of rye）、圣安东尼之火（St. Anthony' s fire）

1691 年冬天发生了一件令历史学家一直都想去搞清楚的事情——是什么导致了马萨诸塞州塞勒姆（Salem）[01] 八个年轻女子像是着了魔或被巫术施了魔法一样，一个接一个地抽搐痉挛、胡言乱语，并且抱怨感觉皮肤上有东西蠕动。医生在她们身上查不出任何异常，当时的医学所能提供的最好解释可能是巫婆对这些女孩们施了魔法。

三百年过去了，一个研究学者有了不同的想法：女孩们的怪异行为可能是由一种侵染黑麦及面包的有毒真菌——麦角菌引起的。

麦角菌是一种寄生在开花的谷类作物如黑麦和小麦上的真菌，在潮湿的环境下它繁殖力旺盛，在寄主上形成一个很像谷物颗粒的硬块状休眠体——厚垣孢子，以保证休眠孢子的营养，直到环境适宜时孢子才萌发。成千上万的麦角菌孢子混在成熟的黑麦或者小麦中一起被收获，用这种谷粒制成的面包就含有很多的

---

[01] Salem 是马萨诸塞州北部沿海城市，1691 年的这个诡异事件导致那段时期塞勒姆的许多人相信并且害怕邪术，这是塞勒姆历史上的一个重要事件。

真菌，而食用这些面包的人们则因此被感染。在那个异常潮湿的冬天，那些生活在塞勒姆的年轻女孩子们就可能是被这种真菌感染了。

麦角碱这种生物碱具有收缩血管、导致痉挛、呕吐和子宫收缩的作用，最终可能导致坏疽和死亡。早在艾伯特·霍夫曼从麦角菌中提取出麦角酸制成一种麻醉药（LSD）——麦角酸二乙基酰胺之前，人们就发现被麦角菌感染后会有类似麻醉的症状，如无故跌倒。此外，歇斯底里、幻觉以及有东西在皮肤上蠕动的感觉均是麦角菌中毒的症状。

记录追溯到中世纪，有个村庄的人们总是一再地死于一种神秘的疾病，居民们在街道上跳舞，然后抽搐，最后瘫倒在地，这种“狂躁的舞蹈”有时也被称为“圣安东尼之火”，可能同患者那种可怕的将要燃烧的感觉，以及最后皮肤起脓包蜕皮有关。那个时期这种病导致了五万人的死亡，连牲畜也因此遭殃，当牛被饲喂了感染麦角菌的谷物，它们将失去蹄脚、尾巴甚至耳朵，最后死亡。

塞勒姆巫婆被审判时，欧洲人已经发现麦角菌感染的这一系列奇怪症状，但是殖民地的人们并不知道这一突破性的发现。最终，有十九人背负着对女孩施咒的罪行而被送上绞刑架，然而从始至终他们一直都为自己的清白抗议。

要是有人想过去咨询城市里的面包师就好了。从气象观测记录、农作物报告、女孩们的症状以及这种歇斯底里的症状突然性地消失等方面判断，不言而喻这整个事情就是因为一个极度潮湿的冬天导致谷物感染麦角菌所引起的。

20世纪有过几次麦角菌的爆发，而在当今这种情况已经很少发生了，虽然现在依然没有培育出抗麦角菌的黑麦草品种，但是种植黑麦的农民会将收获的农作物在一种盐溶液中漂洗以杀死这种真菌。

[illegible]：总共有超过五十种麦角菌，每种都有它们喜欢的特殊种类的草和禾谷类作物为寄主。

致命的真菌

FATAL FUNGUS

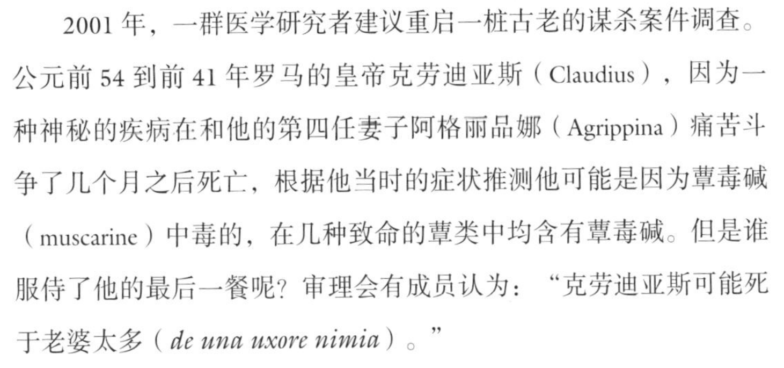

2001年，一群医学研究者建议重启一桩古老的谋杀案件调查。公元前54到前41年罗马的皇帝克劳迪亚斯（Claudius），因为一种神秘的疾病在和他的第四任妻子阿格丽品娜（Agrippina）痛苦斗争了几个月之后死亡，根据他当时的症状推测他可能是因为蕈毒碱（muscarine）中毒的，在几种致命的蕈类中均含有蕈毒碱。但是谁服侍了他的最后一餐呢？审理会有成员认为："克劳迪亚斯可能死于老婆太多（*de una uxore nimia*）。"

另一个声名狼藉的蕈毒碱中毒案例发生在1918年的巴黎。亨利·吉拉德（Henri Girard）是一个保险经纪人，他参加过药剂师培训，这两种身份的结合导致他成了一系列谋杀案件的凶手。他先向受害者推销他的保险单，然后用来自药品批发商或者他自己在实验室配制的毒药毒死受害者。他通常使用他培养的一种伤寒细菌作为他的毒药，但最后一次作案他却为莫林（Mon）太太准备了一小碟蕈类，莫林太太食用蕈类后离开了亨利家，就瘫倒在人行道上，警察最终抓获了亨利·吉拉德，但是在受审前他却死了。

虽然蕈类不是真正意义上的植物，而是菌类，但是由于它导致了太多人的死亡而备受关注。据1909年《伦敦环球报》（*London Globe*）报道，当时欧洲每年有将近一万人因为蕈类中毒而死亡。现在没有可靠的统计数据显示世界范围蕈类中毒的人数，但在美国，中毒控制中心每年大约接到七千次这样的求救电话，2005年，他们报道了六起因为蕈类中毒而导致的死亡案例，鉴于未统计的案例，可能不止这个数字。比如，1996年，在乌克兰（Ukraine），有将近一百人因为食用森林里一种不常见的高产作物而被蕈类毒死。

有些种类的蕈有毒成分的含量较其他种类高，但是最危险的种类是毒素作用在人的肝脏和肾脏，导致不可修复的损伤或死亡。

死帽蕈

DEATH CAP

Amanita phalloides

这种白色中等大小的蘑菇在北美和欧洲非常常见，世界百分之九十蕈类导致的死亡都跟死帽蕈有关。它看上去很像亚洲受欢迎的食用草菇，但半个死帽蕈就会导致一个成年人的死亡，它对肝脏和肾脏形成永久性的损伤，有的受害者可能要通过肝脏移植才能继续生存下去。

一个同它亲缘关系较近的蘑菇为死亡天使菇（*Amanita verna*）或白毒伞（*A. virosa*），是蕈类毒性最强的一个种类，它的中毒症状可能在食用后几小时内都不会显示，使得治疗延误而导致悲剧性结果。

丝膜蕈

CORTNARIUS

Cortinarus spp.

这种褐色的较小的菇同香菇和其他可食用的菇类很像却具有剧毒，不慎食用丝膜蕈类会导致痉挛、剧痛以及肾脏衰竭，但是它的中毒症状可能会推迟好几天才显现，使得医生无法确诊并及时进行治疗。

鹿花蕈

FALSE MOREL

Gyromitra esculenta

这是北美洲常见的一种菇，外形同很受欢迎的美味的羊肚菌菇非常像，和其他蕈类一样，它的中毒症状包括恶心、头晕甚至昏迷，以及由肾脏或肝脏的损伤而导致的死亡。

毒蝇蕈

FLY MUSHROOM

Amanita muscaria

这种蕈颜色为浅橘红色，并具有白色斑点，是一种世界范围内认知度最高的蕈类，经常被用作童话故事的插图，《爱丽丝梦游仙境》中抽水烟袋的毛虫就是坐在毒蝇蕈上。实际上，爱丽丝在咬了一口蘑菇之后产生的幻觉也就是毒蝇蕈中毒的初始征兆。头晕、精神错乱，中毒之后就会深睡眠或者昏迷。

梦幻蘑菇

MAGIC MUSHROOM

Psilocybe spp.

光盖伞素（Psylocybin）和脱磷酸光盖伞素（psilocin）是不同种类尤多见于光盖伞属植物中的两种致幻成分，尽管这两种成分没有任何医疗作用，但却在美国药监局控制购买的药品名单中榜上有名，然而这个名单却没有列出含有这类成分的任何蕈类。

这种蘑菇经常被直接食用或制成茶，它的中毒症状除了幻觉还包括恶心、呕吐及困倦，大量食用会导致恐慌或精神错乱。它可在美国的南部和西部野生生长，分布范围从墨西哥到加拿大一带，有些种类在欧洲也有发现。人们很容易将梦幻蘑菇和其他同其外形相近却具有剧毒的蘑菇搞混，吃了错误种类的蘑菇就会导致死亡。

鬼伞菌

INKY CAP

Coprinus atramentarius

这种小型白色的蕈类有一个钟形的帽子，在成熟时会变得像墨汁一样黑，它的毒性也是非常独特的，人们只有在和酒精一起食用时它才会起作用。中毒的人在几个小时内会有发汗、恶心、头晕和呼吸困难的症状，大部分中毒者都能恢复，但是至少在一周内必须戒酒。然而有些人食用后没有任何不良的症状，这使得黑帽洋菇成为一种既危险又不可预知的蕈类。

黄灯笼辣椒

HABANERO CHILI

拉丁名 *Capsicum chinense*

科 名 茄科 Solanaceae

生 境 热带气候，喜高温和湿润

原产地 美国中南部

别 名 哈瓦那红辣椒（Habanero[01]）

试着想象一下：吃一个辣椒就能让你进医院。一开始，辣到你眼睛流泪，胃像烧起来一样，然后你会吞咽困难，手脸麻木，更有甚者会导致呼吸困难——这都是哈瓦那辣椒所引起的。

早在1900年代早期，化学家韦伯·史高维尔（Wilbur Scoville）发明了一种测定智利辣椒辣度的方法，将辣椒提取物溶解在水里，让委员会成员品尝后进行评价，这些成员不常吃辣椒，味觉较为灵敏，辣椒的史高维尔指数[02]是用稀释到评审员品尝的特定程度时水和辣椒提取物的比例表示。甜椒中不含辣椒素，因此史高维尔单位（SHU）为0；通常被认为辣度最高、没有任何人敢尝试吞咽的墨西哥辣椒（jalapeno pepper），辣度高达5000 SHU。

如果一克的墨西哥辣椒提取物需要五千克的水来稀释才能达到人们接受的程度，那要多少水才能使哈瓦那辣椒变成无害的呢？到底是需要十万还是一百万体积的水来稀释，取决于辣椒的

---

01 来自哈瓦那之意。

02 1912年美国化学家史高维尔所制定度量辣椒属果实的辣味的单位。每一史高维尔单位辣味就要以一百万滴水来稀释。

品种和生长环境。

只有一小撮辣椒争夺世界上最辣辣椒的头衔，它们都是黄灯笼辣椒的种类，又名哈瓦那红辣椒。这种小型橙色的苏格兰品种把它的独特风味带到了牙买加菜肴里。另一个种类红色杀手辣椒（Red Savina），取得了1994年最辣辣椒的世界吉尼斯纪录，史高维尔指数达到50万，但是辣度最高的哈瓦那红辣椒可能来自英国多赛尔地区，尽管这个地区却并不以辣味料理而闻名。

一个英国的蔬菜农场用孟加拉国辣椒的种子，通过实生苗选种、种植以及几个世代的研究，培育了一种辣度极高、不能用作调味品的“多塞特纳加”（Dorset Naga）辣椒。你可以抓住辣椒的茎秆触碰一下你的食物，但任何其他的尝试都将是在玩命。两个美国实验员用HPLC[01]的方法测定了这种辣椒的辣度。它的辣度系数接近一百万SHU。作为比较，警员所用的辣椒喷雾剂辣度达到二至五百万SHU水平。

令人奇怪的是辣椒中的活性成分——辣椒素（capsaicin）本身并没有辣度，它只是刺激神经末梢给脑部发送一个信号使人产生发热的感觉。辣椒素不溶于水，因此被辣到后大量喝水是没有用的，然而，它却能和脂溶性物质如黄油、牛奶和奶酪结合，酒精可以起到溶剂的作用，因此一杯烈酒是能减轻辣感的。

然而，没有人能抵挡布莱尔一千六百万度珍藏（Blair’s 16 Million Reserve）的能量。这种所谓的药物级的辣酱是用纯辣椒素提取物制成，一毫升瓶装的这种透明溶液售价199美元，只能用于实验和展示用，不能作为食物调味料。

01　这是化学上常用的一种分析方法，叫高效液相色谱法。

亲属同盟：辣椒是茄科另一个声名狼藉的植物，这个科还包括西红柿、马铃薯和茄子，以及烟草、曼陀罗和天仙子等有毒植物。

天仙子

HENBANE

拉丁名 *Hyoscyamus niger*

科 名 茄科 Solanaceae

生 境 广泛分布于温带气候区

原产地 欧洲地中海，北非

别 名 猪头豆（Hog's bean）、臭茄子（fetid nightshade）、臭罗杰（stinking Roger）、“母鸡杀手”（Henbane 字面意义为“killer of hens”）

传说，这种邪恶的、有点特别的植物——天仙子是女巫飞天魔药的主要成分。将由天仙子（henbane）、颠茄（belladonna）、曼德拉草（mandrake）和其他几种致命的植物制作的药膏涂在皮肤上，就会让人产生飞一般的感觉。这类混合物理所当然地被称为“魔鬼秘方”。在土耳其，孩子们玩一种吃植物不同部位的游戏。医学研究表明，当孩子玩过吞食天仙子的游戏之后，有四分之一的孩子会产生严重的中毒现象。25 个中会有 5 个昏迷，2 个死亡。

天仙子是一年或二年生草本，1 — 2 英尺（30 — 60 厘米）高，花囊黄色，有紫堇色网纹。它的种子较小，呈椭圆形，暗黄色，与其他部位相比，毒性较强。

虽然天仙子含有与同类植物曼陀罗、颠茄相似的生物碱，但它却是因为其自身特别的臭味而出名。老普林尼（Pliny the Elder）[01] 这样描述不同种类的天仙子：“干扰脑系统，使人失去

01 Pliny the Elder，古罗马作家。骑士家庭出身，担任过许多重要官职，曾统率骑兵参加镇压日耳曼人的战争。

理智；除此之外，还会让人头昏。”北英格兰阿尼克毒植物园（Alnwick Poison Garden）的工作人员报道称，天气炎热时，有两名游客因为天仙子而昏厥过去了。不知是天气太热的原因还是植物催眠的原因？没人知道答案，但是工作人员却警告游客远离天仙子。

为提高啤酒的兴奋效果，天仙子会被添加到啤酒中。为保证啤酒中不添加天仙子和其他可疑成分，1516年德国巴伐利亚纯度法（Bavarian Purity Law）规定酿造啤酒时除啤酒花、大麦和水外，不准添加任何其他物质。（之后由于酵母的独特作用，也被允许添加到啤酒中。）

从罗马时代起，天仙子就被用于高风险的麻醉中，直到19世纪，乙醚和氯仿出现后才停止使用它。“急救海绵”就是将海绵浸泡在天仙子、颠茄、曼德拉草的汁液中制成的。还可以把它烘干，贮藏备用。当需要做紧急外科急救手术时，可以将“急救海绵”用热水浸湿，让伤员服下里面贮存的麻醉液体。幸运的话，病人会慢慢进入昏睡状态，醒来后也不记得手术的过程了。然而，这类药剂的剂量是不稳定的。如果太少了，病人就会感知一切；如果太多了，病人也许永远没有机会感知啦。

亲属同盟：天仙子属（*Hyoscyamus*）的其他植物，如白莨菪或俄罗斯天仙子（*H. albus*）和埃及天仙子（Egyptian henbane），均仅作为毒药使用。

调酒恶魔

THE DEVIL'S BARTENDER

植物王国里有许多能够产生兴奋类化学物质的植物。一个储备充足的酒吧归功于大量的常见作物，如：葡萄、土豆、玉米、大麦和黑麦。过去的酒精饮料含有更多有趣的植物成分。玛利亚酒（Vin Mariani）是用古柯的叶子和红酒共同酿造的，这种酒在19世纪特别流行。鸦片酊（Laudanum）是用酒精和鸦片制成的药，直到20世纪初一直作为一种处方药，而且还被加到白兰地中成为一种让人着迷的鸡尾酒（乔治四世的最爱）。古希腊人就记载了一种用大麦发酵而成的饮料"kykeon"，这种饮料可以引起精神性躁狂症。学者推测，该饮料可能是由被麦角菌感染的黑麦酿造的，并尊称它为摇头丸的鼻祖。

设想一下，如果今天酒吧里潜伏了邪恶的植物，会发生什么事情呢？

苦艾酒

ABSINTHE

这种既受欢迎又臭名远扬的酒来源于植物苦艾（*Artemisia absinthium*）或洋艾。苦艾是一种生长缓慢的多年生银色草本，味苦，具有刺鼻的芳香。用苦艾和其他草本调制的苦艾酒呈浅绿色，具有较高的酒精度，这种酒在19世纪较受欢迎，它可以让人产生幻觉并变得疯狂。在巴黎，“绿色仙女”成为波西米亚咖啡馆生活的必需品。奥斯卡·王尔德（Oscar Wilde）、文森特·梵高（Vincent van Gogh）和亨利·德·图卢兹-罗特列克（Henri de Toulouse-Lautrec）都钟情于苦艾酒。20世纪初期，一场禁酒的运动席卷整个欧洲和美国，而颁布关于饮用苦艾酒的禁令则是其中主要的一项内容。

究竟是什么使苦艾酒变得如此邪恶呢？植物苦艾中含有一种叫侧柏酮（thujone）的有效成分，高含量的侧柏酮可以引起抽搐甚至死亡。然而，现代质谱分析表明苦艾酒中侧柏酮的含量却非常的少，导致兴奋作用的原因是这种酒的酒精度已达到烈度酒130度的标准[01]，几乎是杜松子酒和伏特加酒酒精度的2倍。

现在，只要苦艾酒中侧柏酮的含量不超过限定的标准，在欧盟销售是合法的。在美国任何含侧柏酮的产品都是明令禁止销售的，但是一种不含侧柏酮的新苦艾酒还是允许销售的。

01　相当于65度酒精含量。

梅斯卡尔酒和龙舌兰酒

MEZCAL AND TEQUILA

由龙舌兰属植物的花酿造而来，这类植物有尖尖的刺和强烈的刺激性的汁液，正因如此，卡特拉兹岛（Alcatraz）的监狱看守们在监狱周围种满了龙舌兰，以打消囚犯逃跑的念头。蓝色龙舌兰（*Agave tequilana*）由于名字的原因变得更流行，但是美国人可能对世纪草（*A. americana*）更熟悉。尽管它们都有很多的刺，喜欢干燥的沙漠气候，但却不是仙人掌。它们属于龙舌兰科（Agavaceae），和玉簪（hostas）、丝兰（yuccas）以及室内植物吊兰（*Chloro phytum comosum*，或蜘蛛草）一类的植物相似。有些品牌的梅斯卡尔酒中装有一种寄生在龙舌兰草上的蝴蝶或象鼻虫的幼虫。

野牛草伏特加

ZUBROWKA

传统的波兰伏特加，是用野牛草（*Hierochloe odorata*）的叶片制成的，这种草又叫香草或灵草。这种草原产于欧洲和北美，美国人早就用它制作编织品、熏香和药。这种植物含有天然的抗凝血物质香豆素（coumarin），而美国是明令禁止食品中添加此类物质的，因此 1978 年以来野牛草伏特加是禁止销售的。伏特加采用新的工艺去除了香豆素类成分，而得以出口销售，但是野牛草产生的香草或椰子味仍旧让人为之痴迷 。在波兰，未稀释的野牛草伏特加经常和苹果汁混在一起制作香甜的冷饮。

五月酒

MAY WINE

五月酒是德国人比较钟情的一种酒，将地被植物香车叶草（*Galium odoratum* syn. *Asperula odorata*）的叶片浸泡在白酒中酿制而成，车叶草的自然香气赋予五月酒甜甜的青草香。但是如果大量食用这种草就会让人头晕、麻痹，甚至导致昏迷、死亡；自家酿造五月酒时，一般在车叶草开花前采集嫩叶，用量也特别少。在美国除了在一些特殊的酒精饮料中添加香车叶草外，一般不把它当作食品添加剂使用。

玻利维亚 AGWA 酒

AGWA DE BOLIVIA

AGWA 是一种新的烈性酒，呈绿色，具有青草香味，由古柯（*Erythroxylum coca*）叶榨汁而来。它虽然由古柯叶制成，但却不含可卡因，因为在制作过程中已去除了此生物碱，就像它被添加到可口可乐饮料中一样。这种酒还含有其他具有兴奋作用的植物，包括西洋参（*Panax* spp.）和瓜拉那子（*Paullinia cupana*）。

大麻伏特加

CANNABIS VODKA

由大麻（*Cannabis sativa*）子浸泡而来的伏特加，产于捷克共和国。虽然有少量的大麻子会悬浮在瓶底，但是制造商保证里面不含有除酒精外的其他兴奋类物质，而且它也不会有跟液体大麻毒品类似的味道。

意大利茴香酒

SAMBUCA

一种具有茴香味的意大利利口酒，以接骨木（*Sambucus* spp.）果实为原料，未加工的接骨木含有氰化物。这种酒除了会让人产生宿醉感外没有什么可让人担心的。

可乐开胃水

COLA TONIC

一种不含酒精的混合酒，原料为非洲可乐果（*Cola* spp.）。可乐果也是可口可乐的一种原料。可乐果含有咖啡因，在非洲西部它作为轻度兴奋剂咀嚼使用。它还含有可引起流产的化学物质，一项研究表明，可乐果的提取物可以产生疟疾的症状，比如体弱无力、头昏眼花。美国食品及药物管理局（FDA）认为可乐果可作为一种安全的食品添加剂使用，但是可乐开胃水在美国却鲜有销售。

汤力水

TONIC WATER

它的苦味来源于奎宁（quinine），奎宁是从南美金鸡纳（*Cinchona* spp.）的树皮提取而来。奎宁是一种治疗疟疾的特效药，添加它之后的汤力水使这一夏日饮料备受欢迎。（这也解释了英国殖民者在印度无意中就服用了小剂量的奎宁，而不至于因水土不服而产生疟疾等病。）现在的汤力水中依旧含有奎宁，但是浓度比较低。事实上，正是因为奎宁的存在，才使汤力水在紫光下产生绚丽的荧光。某些品牌的苦艾酒和比特酒中也含有奎宁。尽管低浓度的奎宁是绝对安全的，但是大剂量的奎宁却能引起金鸡纳中毒。中毒的症状包括：头晕、胃病、耳鸣、视觉问题以及心脏病。过量的奎宁对人体的危害如此之大，以至于美国食品及药物管理局不得不公布疟疾类药物不得用于腿抽筋之类治疗的警告。飞行员飞行前 72 小时禁止喝汤力水，平时每天汤力水的摄入量也不能超过 36 盎司 。[1]

---

[1] 盎司英文是 ounce， 简称 oz，是英美制单位。它既是重量单位也是液体体积 / 容积单位，液体盎司一般简称 fl. oz. 。英制与美制也有差别：1 美制液体盎司 =29.57 毫升，1 英制液体盎司 =28.41 毫升。

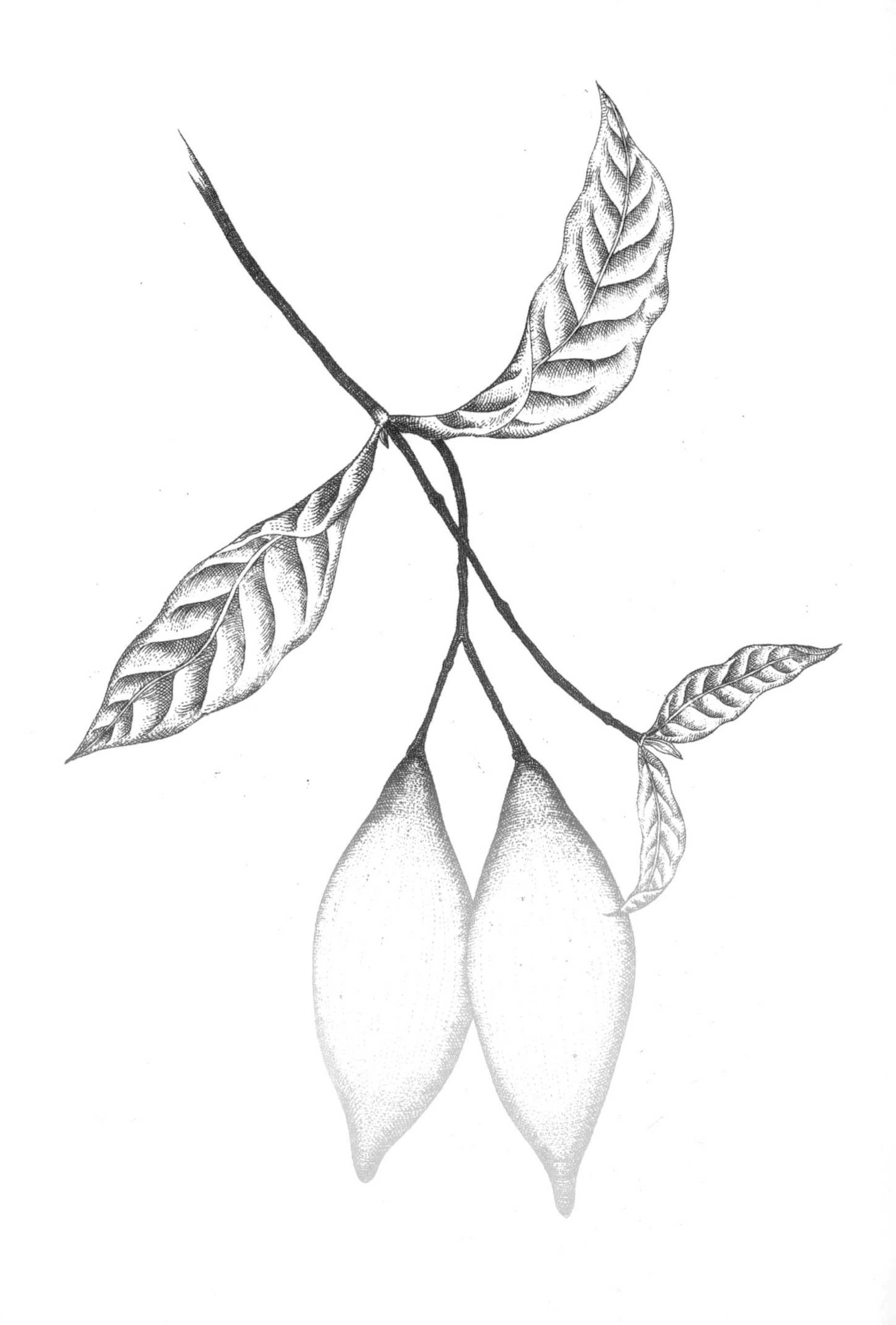

伊波加木

IBOGA

拉丁名 *Tabernanthe iboga*

科名 夹竹桃科 Apocynaceae

生境 热带雨林

原产地 非洲西部

别名 黑升麻（Black bugbane）、上帝之叶（leaf of God）

违法！

伊波加木是生长在非洲西海岸中心地带的热带雨林里的一种开花灌木，可以长到 6 英尺高（约 1.83 米）。它的花成簇开放，有粉色的、黄色的、白色的，有类似哈瓦那胡椒一样的长条状的橙色果实。这种植物含有强效生物碱——伊波加因（ibogaine），根里含量较高。据说，这种药可以帮助戒掉海洛因，也正因此而备受争议。

在西非，宗教组织布韦提（Bwiti）的成员使用伊波加木作为仪式的一种圣礼。而由伊波加木导致的幻觉被奉信为能够和祖先建立联系，这不仅是入会的一种仪式，还能治愈身体或精神上的问题。这种习俗已经吸引了一大批西方记者争相报道，其中就包括探险家布鲁斯·帕里（Bruce Patty）。他曾为英国广播公司“部落”系列拍摄一部纪录片。由此引发了药物旅游热，外界游客都想前往非洲丛林，参加那个让人一整夜都产生幻觉和呕吐的仪式。

1962 年，19 岁的美国人霍华德·洛茨厄夫（Howard Lotsof）偶然获得了伊波加因，随即产生了试一试的念头。之前他一直在吸食其他消遣性药物，令他惊奇的是吸食过伊波加因后，他竟然没有吸食海洛因的欲望了，要知道海洛因曾是他必备的药物啊！他邀请了几个朋友去尝试，而他们中的一些人也有相似的发现。20 年后，他还是很有兴趣地研究利用这种植物治愈毒瘾——由另一个邪恶的植物罂粟造成的。他还获得了含伊波加因的专利药品，并且成立了多拉维纳基金（Dora Weiner Foundation），用来资助研制更多的治疗毒瘾的药物的研究。据服用此药的报道，采用伊波加因对毒瘾有不同程度的治愈作用。有些人相信这种治疗可以“重设”他们大脑中的化学物质，使他们不再依赖毒品，用药时的幻觉让他们对于导致他们滥用药物的根本原因有了新的见解。然而，伊波加因仍是一类限制物质，美国食品及药物管理局也没有批准它用于任何医学用途。

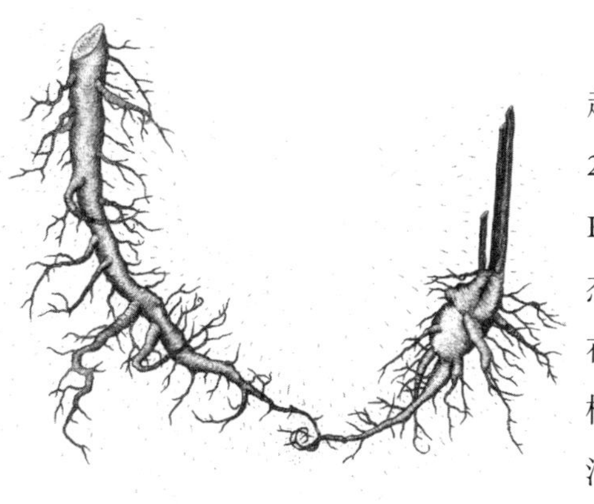

目前，世界各地已经有几起伊波加因致死的报道，包括在 2006 年死亡的“纨绔子弟”（Rich Kids）乐队主唱、朋克摇滚乐手杰森·西尔斯（Jason Sears）。在墨西哥蒂华纳的一个戒毒机构，他试图通过服用伊波加因来治疗 LSD（迷幻药）毒瘾。

亲属同盟：与伊波加木同科的许多植物都是有毒的，比如有着芬芳气味的热带灌木鸡蛋花（plumeria）。夹竹桃（Oleander）、箭毒木（*Acokanthera*）和自杀树——海檬果（*Cerbera odollam*）都是伊波加木的亲缘植物。

曼陀罗

JIMSON WEED

拉丁名　*Datura stramonium*

科　名　茄科 Solanaceae

生　境　温带和热带气候

原产地　中美洲

别　名　魔鬼喇叭（Devils trumpet）、带刺的苹果（thorn apple）、詹姆斯镇草（Jamestown weed）、月光花（moonflower）

1607年，一群拓荒者到达弗吉尼亚州的詹姆斯镇岛（Jamestown Island），他们以为挑选了一个完美的度假胜地作为前哨站。这是侦察敌方西班牙入侵者的最佳位置，因为这里只有一个深水航道让船只通过，而最重要的是岛上没有印第安人。没过多久，这些倒霉的拓荒者就找到没有印第安人的原因了。

岛上蚊虫侵扰，环境肮脏，没有淡水，缺乏野生或任何其他可靠的食物源，此外还遍布一种有诱惑力的美丽杂草。这些人犯的更可怕的错误是试图将这种美丽的杂草——曼陀罗加入到他们的食物中。食用者会产生可怕的幻觉、痉挛甚至呼吸衰竭而导致大量死亡，幸存者以及他们的孩子们永远也忘不了那可怕的一幕。七十年后，英国士兵来镇压殖民地的第一批起义者，那里的移民想起了有毒的植物曼陀罗，就偷偷将它的叶子加到士兵们的食物里。

英国士兵没有死，但有十一天时间他们表现得像疯了一样，这让殖民地居民暂时占了上风。早期的一项历史记录是这样描述的：“一种人会因空气中一根羽毛而发脾气，一种人会更生气地拿稻草拍打羽毛，还有一种则像猴子一样坐在角落里，扮鬼脸咧嘴笑，而第四种人会温柔地亲吻和轻轻地抚摸他的同伴。”

虽然投放曼陀罗并不足以使移民们推翻英国的统治，但曼陀罗在其间所起的作用仍旧为它赢得了一个可爱的绰号——詹姆斯镇草，几个世纪后又演变为吉姆森草。这种植物在北美大部分地区都有分布，在西南方地区也比较常见，能长到2—3英尺（约60—90厘米）高，它有喇叭状艳丽的花，通常白色或紫色，长6英寸（约15.2厘米），但只在白天开放。曼陀罗的果实浅绿色，有小鸡蛋那么大，外面布满了刺。秋天它的果实就会散落一大把含剧毒的种子。

曼陀罗的毒害与颠茄（*Atropa belladona*）相似。曼陀罗全株都含有莨菪烷类生物碱（tropane alkaloids），会导致幻觉和癫痫发作，但此生物碱在种子里含量比较多。随着时间和植物体部位的不同，生物碱的含量差别很大，这加重了实验的危险性。一位业余使用者曾写道：“这一次旅行最可怕的是我为此停止了自动呼吸，不得不借助我的膈肌进行呼吸[01]。这种情况持续了一整夜。”

加拿大一位妇女误把曼陀罗种子当作调味料加到汉堡牛肉饼里。（因为曼陀罗的种子刚好被放在火炉上烘干，以备第二年种植。）随后，她一直昏迷了24小时之后才能清醒地告诉医生她到底做了什么。结果她和她的丈夫在医院待了三天。

---

[01] 膈肌呼吸一般是指腹式呼吸。

青少年（以及行为像青少年一样的成年人）为寻求一种廉价又刺激的东西，竟用曼陀罗的叶子制成茶，其实喝这种茶真是一个要命的错误。可怕而又令人不安的幻觉慢慢袭来，并持续数日。其他毒副作用还包括足以杀死脑细胞的高烧和自主神经系统紊乱，造成心跳和呼吸失衡，从而导致昏迷和死亡。

亲属同盟：茄科的成员里曼陀罗属的植物全部有毒。蓝紫色的月光花（moonflower，*Datura inoxia*）遍布美国整个西南地区。与之密切相关的木曼陀罗（brugmansia）是一种很受欢迎的园艺品种。

植物犯罪家族

BOTANICAL CRIME FAMILIES

你曾注意过犯罪倾向往往在家族中蔓延吗？有些植物家族中的害群之马远比你知道的要多。通常这些植物都有一些与众不同的特点，比如有刺毛、产生乳液或有花边样的叶子。

茄科植物

Solanaceae

茄科里既有人们最喜爱的植物，也有人们最憎恨的。土豆、辣椒、茄子、番茄是这个家族引以为荣的几个成员。可是，当欧洲殖民者在新大陆初次遇到番茄时，他们认为番茄和他们所知的茄科其他植物一样是有毒的。毕竟番茄和它的同科亲属们还是有许多共同之处的，它的亲戚包括颠茄以及其他危险、邪恶的亲属如能麻醉人的曼德拉草、可怕的烟草、有毒并麻醉人的天仙子、莨菪和紫花曼陀罗。

长期以来，茄科的植物一直备受争议。17世纪哲学家约翰·史密斯（John Smith）就拿“罪恶和过失产生的能量”与“由颠茄的剧毒侵蚀人们的思想产生的”邪恶力量做过比较。事实上，茄科许多植物都含有引起幻觉、癫痫和昏迷的生物碱。

矮牵牛也是茄科的一种植物；事实上，你只要看到矮牵牛的花便可大概知道茄科其他植物的花到底长什么样子了。另外，如果一个陌生的植物结有小而圆的果子，一般生长习性又和番茄或是茄子一样的话，那么你就要小心别随便碰它。

漆树科

Anacardiaceae

漆树科的植物无论大树还是灌木都能产生一种非常特别的核果，种子被坚硬且表面凹凸的种皮包围，而种皮又被味道香甜多汁的果肉包裹。（芒果就是一个非常有代表性的例子，但看似和樱桃、桃子这类核果又不太一样。）但是漆树家族最出名的还是它能产生一种有毒的树脂，这种树脂能让人产生疼痛，也会引起长时间不能治愈的皮疹。切记，千万别试图点燃漆树家族中任何一种植物，因为它们都能产生有毒且能灼伤肺部的烟雾。

毒常春藤、毒橡树和毒漆树也许是这个家庭中最令人惧怕的成员。芒果、腰果与漆树一样也产生刺激性树脂（urishol）。事实上，对有毒常春藤或它的亲缘植物高度敏感的人可能会对芒果皮或涂漆的盒子过敏。其他类似的植物有阿月浑子（pistachio，果实又叫开心果）、银杏树（ginkgo）、毒木树（poisonwood）和胡椒树（pepper）。

荨麻科

Urticaceae

这些看起来似乎无毒的小型植物却因其独特的解剖结构——螫毛而出名。当你看到这种绒毛时，一定也会觉得它和桃毛一样的无害吧。但是当这些绒毛进入皮肤后它们便会迅速释放一定剂量的毒液。医学上称疼痛、发痒的红斑为荨麻疹（urticaria），它的名字源于荨麻导致的皮肤炎症。

大多数荨麻生长缓慢，叶片边缘具齿，外观像薄荷或罗勒这类植物。澳大利亚的刺树（Australian stinging tree）被广泛认为是世界上最致痛的树，它也是荨麻家庭的一员，但是这个家族最著名却是刺荨麻（*Urtica dioica*）。它们的毛非常的细小，以至于不认识它们的人根本不可能去注意它。除了刺人的绒毛，荨麻还有一个显著特点就是叶片和茎的连接处会开出成簇的花。不过，避免荨麻家族危害最好的建议还是尽量不要触摸有绒毛或长毛的不熟悉植物的叶片。

大戟科

Euphorbiaceae

大戟科与众不同的是大多数植物能够产生高度刺激的乳状汁液。园丁一般都认识地中海花园常见的大戟属植物，但是其他特征不明显、不经常提到的成员如：一品红（poinsettia）、铅笔仙人掌（pencil cactus）、得克萨斯牛荨麻（Texas bull nettle）、蓖麻（castor bean）、橡胶树（rubber tree）、沙盒树（sandbox tree）、坏女人（*mala mujer*）、土沉香（milky mangrove）和毒番石榴（manchineel）[01]也都是大戟科的。此科的许多植物都可直接伤害皮肤，并留下疤痕，但有些却像蓖麻一样，虽然也含有剧毒却仅仅是食用时才会导致人死亡。最起码，处理能产生乳白色汁液的植物时一定要特别小心，因为它们会伤害皮肤和眼睛。大戟科的一些植物通过它们色彩斑斓的花苞就很容易识别：例如大戟或一品红。

伞形科

Apiaceae

伞形科家族里拥有健康和美丽称谓的成员，也隐藏着一些臭名昭著的“罪犯”。胡萝卜、莳萝、茴香、欧芹、八角茴香、山萝卜、欧防风、香菜、胡芫荽、当归和芹菜是一个好的厨师不可或缺的必备植物，但即使是这些植物使用它们时也一定要警惕：包括芹菜、莳萝、香菜和欧防风在内的许多伞形科

01　毒番石榴又叫马疯木，是世界上最毒的树木之一，只在加勒比和中美洲才有。

可食植物含有光毒性物质，也就是说，如果皮肤接触此类物质，在阳光照射下就会产生皮疹。一种园艺植物大阿米芹（*Ammi majus*）就具有很强的光致毒性，只要皮肤接触种子就可以使皮肤永久变黑。

不过真正的危险是由如水芹（water hemlock）、毒芹（poison hemlock）、大豕草（giant hogweed）和牛防风（cow parsnip）等植物造成的。这些野生植物含有神经毒素和皮肤刺激物，但它们和近缘可食亲属植物看起来如此相像，以至于经常被徒步旅行者和厨师们悲剧性地误食。

识别伞形科植物特别简单。野胡萝卜（又叫安妮女王的蕾丝）就是一个典型的例子：它像大多数家族成员一样，有类似花边一样的叶子，伞状的花，胡萝卜状的根。

阿拉伯茶

KHAT

拉丁名 *Catha edulis*

科名 卫矛科 Celastraceae

生境 海拔 300 英尺的热带

原产地 非洲

别名 咔特（Qat, kat, chat）、阿比西尼亚茶（Abyssinian tea）、米拉（Miraa）、杰德（Jaad）

1993 年的摩加迪沙（Mogadishu）[01] 战役中两架美国黑鹰直升机被击落，而阿拉伯茶在这次战斗中起了一个看似渺小但却很关键的作用。带枪的索马里人嘴里塞满了阿拉伯茶，神情紧张地奔走于摩加迪沙街头，一直持续到深夜，这造成了美国士兵被困坠机现场，经历摧残和死亡。

作家马克·波顿（Mark Bowden）为他的书《黑鹰坠落》（*Black Hawk Down*）做研究时，发现了一条进入索马里的有趣路线：他可以乘坐运载阿拉伯茶的飞机。因为阿拉伯茶的叶子必须使用新鲜的，所以波顿那天不得不购买许多茶叶作为乘坐飞机的交换。他在一次采访中说："他们需要卸掉 200 磅的阿拉伯茶以腾出空来让我可以乘坐飞机"，"我买下了自己，就好像我是阿拉伯茶一样进入这个国家。"

阿拉伯茶的叶子能让人持续数小时保持头脑清醒。在也门和

---

01 摩加迪沙是索马里的首都、重要港口和历史古城，它位于索马里东南部，濒临印度洋西岸，地处谢贝利河流域，那里气候凉爽，是索马里的重要旅游胜地。

索马里，四分之三的成年男性使用这种毒品，在他们的脸颊与牙龈之间塞几片叶子，在拉丁美洲也以相同的方式食用古柯。和古柯一样，阿拉伯茶曾经也引起过争端，因为宗教仪式上使用阿拉伯茶已经延续数百年了，所以有些人认为使用它是一种良好的文化习俗，而有些人则认为它会威胁公众健康。

当运载阿拉伯茶的飞机到达索马里后，这些茶几小时就被卸载到货船上了。懒散的男人悠然地闲逛着，嘴里咀嚼着阿拉伯茶，完全把家庭和工作抛诸脑后。长期食用阿拉伯茶会导致攻击、妄想、偏执和精神失常。但真正的阿拉伯茶使用者却不会因这些令人恐慌的信号而停止使用。就像有人说的那样："当我嚼它时，我觉得我的一切问题都消失了。阿拉伯茶是我的兄弟。它能搞定一切。"另一个人说，"当你咀嚼它时感觉自己像花儿一样绽放。"

阿拉伯茶（*Catha edulis*）是一种开花灌木，生长在埃塞俄比亚和肯尼亚，在那里可以享有充足的太阳和温暖的气候。它有红色的茎，光滑的黑色叶片，它新鲜嫩叶的边缘也会呈红色。野生植株高达 20 多英尺（约 6.10 米），但栽培种仅有 5 — 6 英尺（1.53 — 1.83 米）高。

阿拉伯茶中最有效的成分是卡西酮（cathinone），这种药在美国作为一类麻醉剂，它的地位不亚于大麻（marijuana）和佩奥特仙人掌（peyote）。阿拉伯茶叶片中卡西酮的含量在采收 48 小时后迅速下降，这就使原本的毒品走私事件，变成其他性质了。一旦卡西酮分解，就只剩下去甲伪麻黄碱（cathine），变成一种非常温和的类似减肥药丸麻黄素样的物质。正因为这个原因，警察不得不快速将其送往药物实验室。因为 48 小时后原本贩卖毒品的抓捕将成为一个减肥药丸的突袭检查。

西雅图、温哥华和纽约的阿拉伯茶经销商曾被突击检查，就因为他们把一捆捆的叶子放在小杂货店柜台里偷偷卖给索马里移民。2006年索马里伊斯兰运动禁止在其控制地区使用这种植物，他们控制并且停飞了所有来自肯尼亚的航班，试图阻止非法使用这种植物。但最终这取决于索马里人是否愿意放弃他们称为鸦片的药物。

阿拉伯茶与大约1300种热带及温带藤本和灌木相似，包括剧毒灌木的杆藤（staff vine）和同样有毒的锤形灌木卫矛（*Euonymus*）。

杉叶蕨藻

KILLER ALGAE

拉丁名 *Caulerpa taxifolia*

科 名 蕨藻科 Caulerpaceae

生 境 杀手海藻在地中海和加利福尼亚的太平洋沿岸大肆繁衍，在澳大利亚热带和亚热带海域均有分布，全世界有盐水的水族馆也有少量分布。

原产地 最初发现于法国沿海，但原产地在加勒比海、非洲东部、印度北部以及其他地区。

别 名 蕨藻（Caulerpa）、地中海里克隆机（Mediterranean clone）

1980 年的一天，一名正在德国斯图加特（Stuttgart）动物园工作的职员，在鱼缸里发现了一株很特别的热带海藻——杉叶蕨藻（*Caulerpa taxifolia*）。因为地中海鱼类的需要，即使水缸里的水很冷，通常也不做任何处理，但是这株特殊的海藻却能在冷水里生长得郁郁葱葱。是什么让它与众不同呢？科学家认为，持续的化学物质积累和紫外光照射，诱导海藻基因突变，产生适应性强的品种。

消息不翼而飞，不久其他水族馆的职员也希望在它们的鱼缸里展示这种海藻惊人的生命力。有人还把它带到摩纳哥的雅克·库托海洋博物馆（Jacques Cousteau's Oceanographic Museum）[1]，就

---

[1] 这是法国雅克·库斯托家族建立的博物馆，该家族是一个从事保护海洋工作的家族，他们中的第一代人雅克·伊夫·库斯托是一位海洋探险家，在 20 世纪 50 年代至 70 年代制作和主持了上百部关于海洋的纪录片，库斯托这个姓几乎成为海洋探险家族的代称。

是在那里，这种海藻不经意间流落到了大自然中。据报道，是由于在1984年，一名职员在清理鱼缸后将垃圾倒入大海导致的。

法国生物学教授亚历山大·明内兹（Alexandre Meinesz），早在1989年就于博物馆附近的地中海水域发现了一小群此种海藻。这位教授当即特别吃惊，为什么热带海藻却可以在温度如此低的水中旺盛生长？他当时就警告他的同事说这种海藻一定会成为外来入侵物种。

由此也引发了长达十年之久的争论，内容不是关于这种海藻起源的问题，而是这种海藻成为入侵物种的可能性，以及一旦爆发而采取的应对措施。为此还成立了专门的委员会，发表了相关研究论文，证明该海藻已经散播到世界68个海洋观测站，覆盖面积达1.2万英亩（约4.9亿平方米）的海床。时至今日，杉叶蕨藻已遍布全球，在海底形成了一块块茂密的绿色地毯，覆盖面积达3.2万英亩或50平方英里（约129平方千米）。

值得注意的是，此杀手海藻仅仅是单细胞的生物体。一个完整的海藻包括像羽毛一样的叶片、坚硬的茎和能够在海底随处扎根的发达根系，正因如此，这个巨大的细胞才能长到2英尺长（约0.61米），几乎每天可以伸长0.5英寸（约1.3厘米）。因此，杉叶蕨藻是世界上最大、最危险的单细胞生物。

杉叶蕨藻俗名又叫杀手海藻，杀手海藻却不会杀死人类。它的别名得益于一种叫蕨藻素（caulerpenin）的毒素，这种毒素可以毒死鱼。这可以阻止水生生物吞噬此类植物，这也是该海藻在全球海洋里肆无忌惮蔓延的原因之一。这种海藻在海洋底部形成一层10英尺（约3米）深的、茂密的绿色地毯，从而造成其他水生生物缺氧。鱼类在垂死挣扎，水也难以循环。

这种由杉叶蕨藻变异而来的海藻全部是雄性的，这暗示了侵害全球的那种海藻均来源于同一株海藻。它的扩繁只有一种途径，那就是船的底部撞碎较大的植株，碎片便漂游到海洋各处。蕨藻素可促使产生一种凝胶，使海藻碎片的伤口在1小时内便可痊愈，因此，哪怕只有一小片的此类海藻也可形成一大片的海藻林。

在美国，杉叶蕨藻被划定为有害藻类，这意味着该海藻不能进口到美国，也不能通过美国边境。它也是外侵物种专家组（the Invasive Species Specialist Group）认定的全球最具影响力的100种入侵物种之一。目前还没有成功的根除办法，因为砍伐只会促进它更快地繁殖。圣地亚哥有一个成功的例子，通过把防水布盖在海藻上，并不断地输送氯气，而摧毁了1.1万平方英尺（约1021.9平方米）的海藻林。至今也无权威人士发布成功征服的消息，因为只要漏杀1毫米的杀手海藻碎片，它也能在海洋迅速立足繁衍。

亲属同盟：可食用的海生生菜——石莼（*Ulva lactuca*）和一些小的、绿色海草都是可怕的杀手海藻的亲戚。

停下来嗅豚草

STOP AND SMELL THE RAGWEED

如果你嚼碎并咽下有毒的种子，它就会杀了你。如果你触碰到有毒的树叶，令人疼痛的皮疹就会在你身上蔓延。不过有一些植物通过释放高度刺激性过敏源到空气中来扩展它们的危害范围。

这也是为何季节性过敏症似乎一年比一年严重的原因。园艺师和庭院设计师为了整洁，喜欢种植雄性的树木和灌木。因为雌性的植物会将果实散落到路上或草坪上。尽管雄性树只生产很小、易于管理的花儿，不过所谓的便于管理应当包括植物连续几周把花粉散落空气中吧。

20 世纪 50、60 年代用各种依赖风媒传粉的雄性树取代美国榆树。结果，一些城市，特别是在东南部，患有严重过敏症和哮喘的人几乎无法居住。

令人惊奇的是，房主却不情愿移除这些树。一个研究过敏源的专家就记得有一家种了一棵很大的雄性桑树。受到别人的误导，他们试图拿水管冲洗掉树上的花粉，但是夫妻俩立马就感到喉咙被锁起来一样，为了能正常呼吸，他们只好把自己通宵关在浴室里。其实是因为花粉遇见水就发芽了，这样就造成过敏源的释放量增加了。

考虑将这些植物从院子里驱逐出去吧：

豚草

RAGWEED

Ambrosia spp.

豚草是遍布美国和欧洲的一种生命力极强的杂草。一株植物便可以产生十亿粒的花粉。花粉随风飞舞数天，行程几英里，影响 75% 的过敏症患者，并造成对与豚草有相似蛋白质的食物的交叉过敏，包括罗马甜瓜、香蕉和西瓜。当二氧化碳含量较高时，豚草会释放出更多的花粉，因此全球变暖会使情况更加糟糕。

罗汉松

YEW PINE

Podocarpus macrophyllus

罗汉松常用作灌木或小树类的行道树，或在庭院设计中作为一种基础性植物，这种植物能产生大量的花粉，在园林设计时恰恰它又经常被种在庭院的窗下，这就意味着，过敏症患者会因喉咙痛而醒来，如果他们一整天都躺在床上的话，那只会加重病情。

常青胡椒树

PEPPER TREE

Schinus molle or S. terebinthefolius

常青胡椒树是一个有争议的绿化树种，因为它具有入侵性，还能造成令人讨厌的皮疹。它的果实有毒不能吃。雄树的花期很长，且产生大量的花粉飘散到空气中。因为它和野葛以及漆树科其他植物有亲缘关系，所以，对那些植物过敏的人同样也对常青胡椒树过敏。因为它产生一种挥发性油脂，所以只要靠近它就会引起哮喘、眼睛发炎及其他的不适。

油橄榄

OLIVE TREE

Olea europaea

由于油橄榄的花粉包含了许多不同的过敏源，因此它的刺激性更强，所以一些城市正试图全力驱逐这种植物。亚利桑那州图森市已经通过法令禁止销售或种植油橄榄。

桑 树

MULBERRY

Morus spp.

桑树是春季最强有力的过敏源之一，它能释放数亿的花粉粒到院子里，而花粉又跟踪人来到房间里。

雪 松

HIMALAYAN CEDAR

Cedrus deodara

一株快速生长的雪松可以长到 80 英尺（约 24.4 米）高、40 英尺（约 12.2 米）粗，在北美和欧洲冬季温和地区的花园或公园里到处可见雪松的影子。小的雄球在秋季散粉。许多季节性过敏症患者都会对雪松过敏，因此雪松成了难以靠近的树木。

瓶刷树

BOTTLEBRUSH

Callistemon spp.

瓶刷树是在北美、欧洲和澳大利亚较受欢迎的一种艳丽的灌木。它长长的像鬃毛一样的红色雄蕊从顶部释放金色的花粉。花粉呈三角形，寄宿于鼻子里，这使它成为特别难缠的过敏源。

杜 松

JUNIPER

Juniperus spp.

杜松是一种常绿植物，它不容易引起人们的注意，但其实它是一种很严重的过敏源。雄株产生锥形球果，并伴有大量花粉。一些杜松的同一植株上既有雌性又有雄性器官（雌雄同株），这意味着它们可能会结一些浆果，但依旧会散落花粉。

狗牙根

BERMUDA GRASS

Cynodon dactylon

狗牙根是在地球南部和暖温带的草坪中最流行的一种牧草，它的致敏性也是最强的。它开花比较稳定，花长得也比较慢，以至于刈草机经常把它们遗漏。新品种的狗牙根不会产生任何花粉，但是老品种却一直有严重的散粉问题，以至于在西南部的一些城市已禁止种植它们。

野 葛

KUDZU

拉丁名 *Pueraria lobata*

科名 豆科 Fabaceae

生境 温暖潮湿的气候

原产地 中国，18 世纪传入日本

别名 一分钟蔓延一英里的藤本（Mile-a-minute vine）、吞噬南半球的藤本（the vine that ate the South）；在日本，野葛是“垃圾”（rubbish)、“废弃物”(waste)或“废渣”(useless scraps）的意思。

“野葛大营救！”这是 1937 年的《华盛顿邮报》一篇关于这种外来藤本——野葛抵抗侵蚀的力量的报道。的确，将近一百年来野葛一直受到美国园艺师和农民的热情欢迎。

1876 年美国费城举行的百年博览（The Centennial Exposition）是一场奇迹嘉年华。大约一千万美国人参加，参展的有电话机、打字机，以及一种不可思议的从日本引进的新植物：野葛。植物爱好者钟情于它，因为它散发葡萄香气的花朵，还有就是，它能如此迅速长满架子。

不久，农民发现牲畜也吃它，因此又把它当作一种有用的饲料作物。野葛牢牢地抓住了土壤，因此阻止土壤受到侵蚀。政府还设立了项目，计划鼓励开发藤本植物，并全力支持野葛的研究利用。

野葛在美国南方貌似还有其他的企图。野葛把那儿当作自己的家一样，在温暖潮湿的夏季每天能长 1 英尺（约 30.5 厘米）。

这种植物生下来就跑步似的生长：它的一个茎可长出 24 个分支，而每一个藤茎又可以伸展到 100 英尺长（约 30.5 米）。一个大主根可重达 400 磅（约 181.4 千克）。每个叶片都可以翻转扭曲，由此它就可以尽可能多地获得光照，所以它利用太阳能量的效率也是最高的——生长在它下面的植物就惨了，因为它的遮盖使得下部植物很难获得阳光。

当气候很冷时野葛会落叶，它一般通过地下根茎及种子繁衍，即使沉寂许多年它们仍旧能发芽。它可以“勒死”大树、闷死草甸的植物、毁坏建筑物、破坏电力线路。南方人说为防止它们溜进卧室，晚上睡觉时不得不关着窗户。

野葛在美国遍布 700 万英亩（约 283 万公顷），所造成的损失估计也有几百万美元。在弗吉尼亚州皮克特堡（the Fort Pickett）军事基地，野葛淹没了 200 英亩（约 80.9 公顷）的训练场地。即使艾布拉姆斯 M1 战斗坦克[01]也无法阻止野葛疯狂地生长。

但是南方人并未因此屈服。他们通过使用除草剂、实施可控制的焚烧，以及持续地猛砍新长出的植株，使野葛的生长达到了可控的范围。作为回击，南方人开始食用侵吞他们家园的野葛：油炸野葛叶子、做野葛花果冻、用野葛茎做沙拉等，这些举措反而使野葛由有害的植物变成有用的植物。

亲属同盟：野葛是一种豆类；它和好多有用的植物有亲缘关系，诸如黄豆、苜蓿（alfalfa）和三叶草。

[01] “艾布拉姆斯”M1 坦克服役于 20 世纪 80 年代初期，它是美国 50 年代末以来最成功的坦克。

死亡草坪

LAWN OF DEATH

谁能想到小草竟如此的危险呢？由邪恶的草形成的草坪可以像刮胡刀一样割破你的皮肤，花粉像疯了一样堵塞你的喉咙，可以让你迷醉在草地上，产生氰化物毒害你。有一种草甚至像焚尸炉一样，突然着火，使它的种子和匍匐茎散播到灰烬上。

白 茅

COGON GRASS

Imperata cylindrical

白茅黄绿色的明亮叶片可以长到 4 英尺（约 1.22 米）高，能够排除它们前进道路上的一切东西。每个叶片的边缘嵌入了微小的二氧化硅晶体，就像锯齿一样锋利。根可以伸展到 3 英尺（约 0.91 米）深的地下，它的根茎也有刺，这样方便它刺入其他植物的根中，汲取它们的养分，直至将它们驱逐出自己的领地，以达到统治世界的阴险目的。

一些植物学家怀疑白茅含有有毒物质，所以才能杀死它的竞争对手，其实它根本不需要具备毒性：白茅的武器就是火，由于它的高度可燃性，便可很容易地把火引到草地上，当然也会引燃它的竞争者，并使其他草比平常烧得更猛烈。［哪怕从电锯上掉下一个火花就足以使佛罗里达欧卡拉 8 英亩（约 48.6 亩）的草场变成火海。］然后，就像凤凰浴火重生一样，白茅新鲜的嫩叶片就从烧焦的废墟里的根部萌出，在这干净的地域里会生长得更强壮。当火熄灭后，风也可以来帮忙：一株白茅洒落成千上万的种子，通过风力可以到达 300 英尺（约 91.4 米）远的地方。

20 世纪 40 年代，白茅也发挥了一定的作用，美国农业部做出了一个令人费解的决定，就是种植白茅防治侵蚀，并把它作为牧草；不过事实上，这种草不仅所含营养很少，还会划破牛的嘴唇和舌头。白茅起先在美国南部生长比较旺盛，后来慢慢北移。

南方刀草 / 李氏草

SOUTHERN CUT GRASS

Leersia hexandra

南方刀草又名李氏草，遍布美国南部，它是一种生长在沼泽地的草。顾名思义，它的叶片像刀片一样锋利。

草原网草

PRAIRIE COROGRASS

Spartina pectinata

草原网草遍布北美。一般长 3 — 7 英尺（约 0.91 — 2.13 米）高，边缘有锋利的锯齿，因此赢得“开肠草”（ripgut）的俗称。

蒲苇草

PAMPAS GRASS

Cortaderia selloana

蒲苇是入侵加利福尼亚沿海的一种草。易燃且生命力顽强。每株都能产生数百万的种子。它有漂亮的羽状穗，因此纯朴的游客会采集后带走，这导致蒲苇草传播得更远了。

梯牧草

TIMOTHY GRASS

Phleum pratense

这是一种生长在北美洲的多年生丛生草，隐藏两个导致枯草热的主要过敏源。

肯塔基兰草

KENTUCKY BLUEGRASS

Poa pratensis

这是修建草坪常用草，可能导致一些最严重的郊区过敏症。

约翰逊草

JOHNSON GRASS

Sorghum halepense

在美国属入侵性杂草，可以长到8英尺高（约2.44米）。嫩茎含有足够杀死一匹马的氰化物。氰化物通常造成心脏骤停或呼吸衰竭，而引发无痛苦的快速死亡，之前最多会产生几小时的焦虑、痉挛、摇晃。

毒 麦

DARNEL

Lolium temulentum

毒麦是黑麦草属的一年生草本，在世界各地都是与谷类作物混生在一起的。它经常被一种霉菌侵染，如果不小心吃了这种毒麦就会导致醉酒样的症状。两千年前，奥维德（Ovid，古罗马诗人）是这样描述一个被毁的农场的：“……毒麦，大蓟，肮脏的作物／多节的草屹立于农场／发达的根蔓延整片土地。”

坏女人

MALA MUJER

拉丁名 *Cnidoscolus angustidens*

科名 大戟科 Euphorbiaceae

生境 干燥的沙漠环境

原产地 美国亚利桑那州和墨西哥

别名 坏女人（Bad woman）、食人鱼草（caribe）、大戟（spurge）、荨麻（nettle）

这听起来像一个恐怖电影的情节：一群青少年徒步去墨西哥沙漠，回来时却都得了一种神秘的皮疹。第二天，一个女孩因为手部的红色、发痒的斑点去看医生，医生给她开了通常情况下对这种过敏症状有效的抗组胺药，但是这种痛苦的症状却变得更严重。几天后，她的腰部出现了一片紫红色的手印状的皮疹。

这个女孩后来去看的另一位医生，给她开了类固醇药，在这种药物的作用下，炎症消退，留下了一些棕色的斑块，直到几个月后斑块才完全消退。到底是什么原因造成的皮疹？这似乎是“坏女人”所引起的。这种生长在沙漠的大戟科多年生植物分泌一种有毒汁液，并且有荨麻的小型针状毛。受害人可能是在远足途中跌倒在长有这种植物的地方而中毒，而她的男友在碰触她后背的时候，手部也接触了残留的有毒汁液。

无从得知这种植物的名字从何而来，但或许那些被一个愤怒的坏女人刺痛的人在遇到“坏女人”时会记得这种感觉，“坏女人”

被认为是索诺兰沙漠（the Sonoran Desert）[01]最令人痛苦的植物之一。这种多年生灌木，高可达 2 英尺（约 0.61 米），开较小的白色花朵，叶子布满白色斑点，整株被细绒毛，很容易识别。尽管它不是荨麻，却有着和它一样的外形：小刺毛或绒毛，极易刺入皮肤释放少量有毒成分。一位研究人员发现“坏女人”的刺痛是如此折磨人，因此他称这种毛状体为“原子能玻璃匕首”。

根据 1971 年报纸的报道，传闻在墨西哥“坏女人”曾被用来惩罚不贞的女人，丈夫把这种植物加到给他们妻子冲泡的茶里以控制她们的性冲动。但妻子也有更强有力的方法对待出轨的丈夫：一种用曼陀罗的种子制成的致幻甚至致命的茶叶。

花棘麻属（Cnidoscolus）的其他成员有时被误称为荨麻，在美国南部常见的得克萨斯公牛荨麻（*C. texanus*），以及在东南地区干燥灌木丛中发现的“轻踏草”（*C. stimulosus*），两者都会产生恶心、胃痉挛等症状以及无法忍受的痛苦。

---

[01] 位于美国和墨西哥交界，它是北美地区最大和最热的沙漠之一，总面积达 31.1 万平方公里。许多独特的植物和动物在索诺兰沙漠生活，如巨人柱仙人掌等。

太阳来了

HERE COMES THE SUN

有光毒性的植物借助太阳的力量完成它们的伤害，利用它们的汁液使皮肤在暴露于阳光下时被灼伤。在某些情况下，食用这种植物或它的果实会使一个人更容易晒伤。

大猪草

GIANT HOGWEED

Heracleum mantegazzianum

这种杂草是胡萝卜家族的一员，外形看起来像蕾丝花[01]的哥哥。这是一种约 10 英尺（约 3 米）高健壮、结实的植物，会将其他植物排挤出它们在河边和草甸的栖息地。这也是你可能遇到的光毒性最强的植物之一。一本植物学教科书显示，有学者在男性胳膊上放了一个这种植物茎干的圆形切片，一天之内，就出现了一个圆形的红色伤痕，并在三天后，开始起泡。令人不安的是这个伤口看起来就像一个车载点烟器导致的严重烧伤。

芹 菜

CELERY

Apium graveolens

芹菜是胡萝卜家族的另一种植物，这种植物易受到一种叫作粉红腐菌（*Sclerotinia sclerotiorum*，核盘菌属）的病害，它的主要防御机制就是产生更多的光毒性化合物杀死这种真菌。农场工人和芹菜操作工经常会在日晒后皮肤灼伤，那些吃大量芹菜的人也会有同样的症状。一份医学杂志引用了一个女患者的案例，她吃了芹菜根之后进入到人工晒黑棚中，结果导致严重晒伤。

01　也叫野胡萝卜，同胡萝卜一样属于伞形花科。

泡泡灌木

BLISTER BUSH

Peucedanum galbanum

这是一个名副其实的叶子很像芹菜的胡萝卜家族植物。它们在南非地区生长茂盛，攀登开普敦桌山的游客都被警告过要小心这种植物。徒步旅行者轻轻触碰一下这种植物就会有过敏反应，如果无意中折断植物的茎干就可能会因为接触到汁液而导致严重皮疹，这种皮疹可能会在两三天后才出现，而且经过阳光暴晒后会更严重。皮肤上的疱疹可能会持续一个星期以上，疱疹消失后会在皮肤上留下褐色斑点，要到几年后才能完全消退。

酸 橙
和其他柑橘类

LIMES

Citrus aurantifolia

酸橙和其他柑橘类水果的外果皮有发达的油腺，里面含有一种光毒性化合物。一个医学杂志报道了一群参加日间夏令营的孩子的手和胳膊上意外出现皮疹，根据医生断定，是由于那些孩子们参加了一个手工艺课程，课上他们要用酸橙制作圣诞香丸，在用剪刀刺穿酸橙皮的时候，一些挥发油溅到了他们的手和胳膊上，因此产生了这样的光毒反应。

橘子酱以及其他含有柑橘皮或油的食品都可能引起这种反应。佛手柑是梨形的小型柑橘类水果，佛手柑油是很受欢迎的一种香气成分；任何以柑橘类为原料的香水或乳液都可能会导致灼伤。

莫基哈纳花

MOKIHANA

Melicope anisata. Pelea anisata

这种植物的花是夏威夷群岛考艾岛[01]的岛花，游客们常常被赠送用这种植物像葡萄一样大小的深绿色果实制成的花环。这种果实的油有很强的光毒性，几年前，一名游客戴了约二十分钟这种花环，几个小时内他的脖子和胸部接触花环的部位就起了发泡疼痛的皮疹，后来皮疹自行消退了，但是痕迹在之后两个月的时间里都还是可以看见的。

配方草本：在草药茶、混合香料、护肤乳液或其他一些混合物中应用的植物都可能具有光毒性，虽然症状可能在数天内都不会显示。医学案例研究报道这些植物包括欧金丝桃（Saint-John's-wort[02]）、迷迭香、万寿菊、芸香、菊花、无花果叶等。

01　考艾岛是太平洋中部夏威夷群岛中第四大岛，属美国夏威夷州考艾县，融合了神秘的大农场、甘蔗地、热带雨林、原始沙滩和海中的悬崖。是夏威夷群岛中最古老的一个。

02　这是欧洲的一种多年生金丝桃，原产爱尔兰和法国到叙利亚西部。

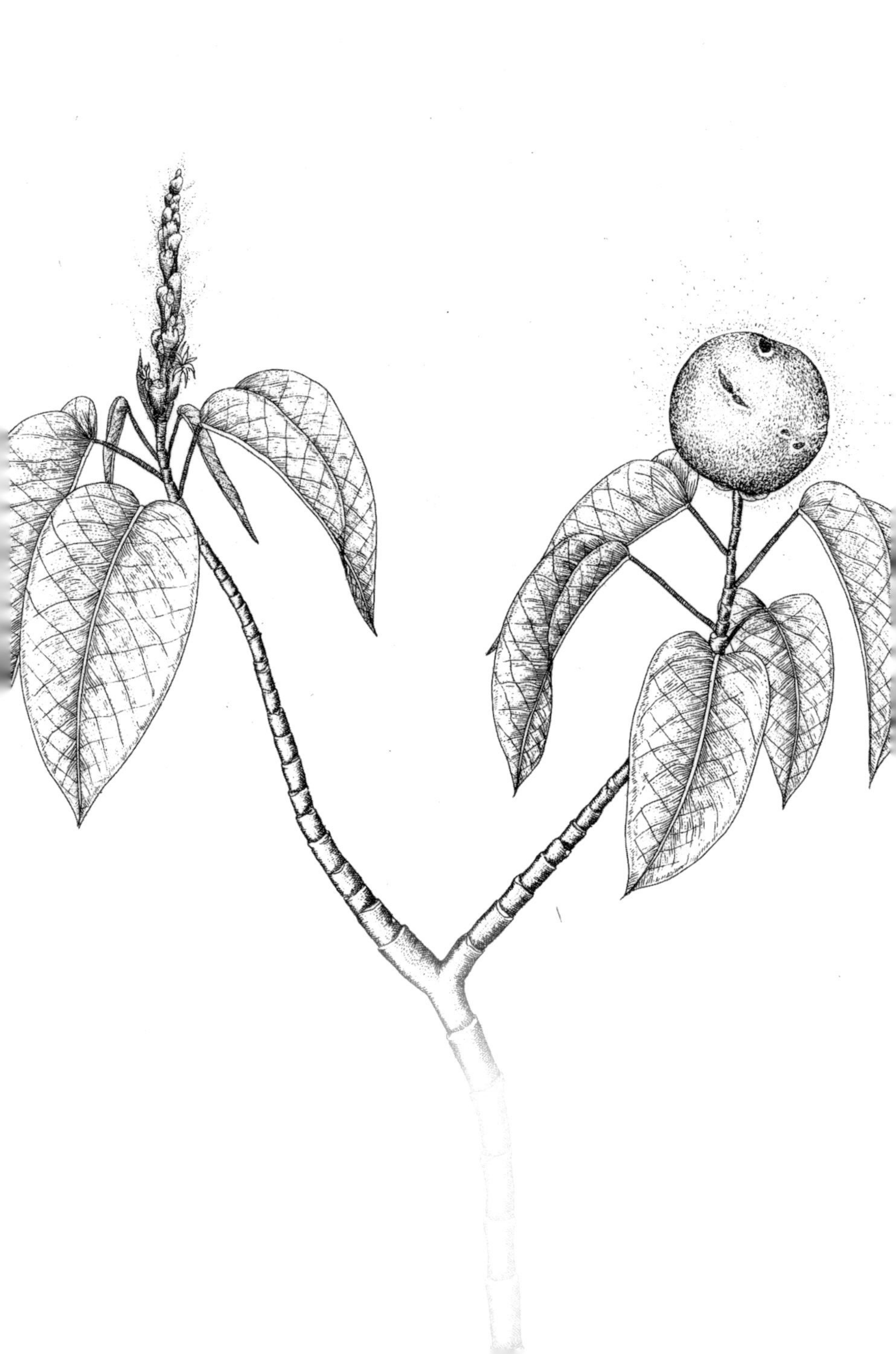

毒番石榴树

MANCHINEEL TREE

拉丁名 *Hippomane mancinella*

科名 大戟科 Euphorbiaceae

生境 热带岛屿海滩，佛罗里达沼泽地

原产地 加勒比群岛

别名 沙滩苹果（Beach apple）、毒番石榴（manzanillo）

在加勒比海或中美洲海岸度假的游客都被例行警告毒番石榴树的危害。作为一种大戟科植物，当植株被折断时会产生一种非常恼人的汁液。它的果实也是有毒的，会导致口腔起水疱和咽喉肿胀紧缩。即使在树下闲逛也可能是危险的，因为从树叶上滴下的雨滴可能会引起皮疹和瘙痒。

对于游客来说这种树非常具有诱惑性。一位经过医疗训练的放射科医师曾访问多巴哥岛（Tobago），当她躺在沙滩上时发现了毒番石榴，她立即被这种绿色果实吸引并品尝了一些。当她咬第一口时，发现这种果实像李子一样甜美多汁，不过几分钟后她的嘴里就有了灼烧感，喉咙也迅速地肿起来以致吞咽困难。最便捷的治疗措施是饮用一杯凤梨奶昔酒，这只使症状减轻了一点点，但可能只是因为其中含有的牛奶起的作用吧。

詹姆斯·库克（James Cook）船长在航行中遇到了毒番石榴，他和他的船员因为这种有毒的树经历了一系列令人不愉快的事情。当时他们需要一些储备物品，库克下令他们开始收集一些新鲜的水，并锯断毒番石榴的木头做木柴，在锯断木头的时候有些船员不慎揉了眼睛，据说因此而导致他们失明两个星期。没有记录表明他们是否燃烧了这种木头，但可以肯定的是，如果烧了，冒的烟也是有毒的。

毒番石榴树的魔力在艺术和传奇中被夸大了，在1865年由德国歌剧作曲家贾科莫·梅耶贝尔（Giacomo Meyerbeer）创作的歌剧《非洲女子》（*L' Africaine*）中就有提到毒番石榴树。剧中描述了一位海岛女王和一位探险家偷偷相恋的故事，女王心碎之后奔向毒番石榴树下，吸了她的最后一口气，唱道：

他们说，你温柔的香气带着一种致命极乐，
在片刻之间仿佛置身于天堂，随后进入永无尽头
的梦乡。

亲属同盟：大戟科的部分植物，包括一些乔木或者灌木都会产生一种乳白色的有毒汁液。

短暂失明

DON'T LOOK NOW

许多生有恼人的小刺的植物在导致皮疹的同时，也会引起一些视力问题，包括失明。这里有一些最令人震惊的例子。

毒漆树

POISON SUMAC

Toxicodendron vernix

大多数美国东部的人都知道要躲避一种与毒常春藤和毒葛亲缘关系较近的树——毒漆树。但是这种树却让一个年轻人受了一次教训。1836年，在他十四岁的时候，弗雷德里克·劳·奥姆斯特德（Frederick Law Olmsted）漫步进入一座毒漆树树林并沾了一些树汁，不久，他的脸就肿得吓人，连眼睛都无法睁开了。

他花了几个星期才有了一点点恢复，但是他的视力依然没有好转。他为此休学一年多，他曾经写道，他眼睛的问题一直困扰他的生活很久。这段休假的经历使得这名男孩培养了对野外的兴趣，也使他通向了一个有远见的景观设计师的职业生涯。他写道："在我的朋友们适应大学生活的时候，我可以到野外漫步，在树下做白日梦，沉浸在对大自然强烈的喜爱中。"也许就是那一年的白日梦激发了他在二十年后设计纽约中央公园的最初灵感。

羽叶播娘蒿

TANSY MUSTARD

Descurainia pinnata

这种不显眼的植物高2－3英尺（约60－90厘米），春天开黄色的小花朵。它在美国的沙漠和干旱地区生长茂盛，味道极苦，一般人都不敢尝试，但牛吃了，后果就可能是致命的。它们的舌头开始麻痹，头部开始有压迫感，会用头撞向栅栏等一些坚硬的物体，最后，这种植物就会使牛失明。所以这种植物会导致头部紧迫、舌头麻痹甚至失明，无法进食或进水，最后因饥饿和脱水而死亡。

乳汁红树

MILKY MANGROVE

Excoecaria agallocha

这种澳大利亚红色的树，也是一种具有很强刺激性的大戟科植物，有一个别名叫“伤害你的眼”，因为它的乳白色汁液可以导致暂时性失明；如果这种植物燃烧起来，产生的浓烟也会对眼睛产生强烈的刺激。

发痒黧豆

COWHAGE

Mucuna pruriens

1985 年在美国新泽西州的一对夫妇因为一种严重皮疹而叫了救护车，他们说是因为一些在床上发现的神秘有绒毛的豆荚所引起的。医护人员曾经处理过相同的症状，患者必须在急诊室接受治疗，医院的一名护士甚至在接触了一位患者之后开始瘙痒。这对夫妇的公寓必须被全部打扫清理，包括所有的地毯和织物，他们发现的豆荚被鉴定为发痒黧豆。

发痒黧豆是豆科的一种攀缘植物，它的豆荚长 4 英寸（约 10 厘米），豆荚浅棕色，布满数量多达 5000 的刺毛。即使在博物馆保存几十年的标本都可能会导致严重的瘙痒。如果任何小的芒刺进到眼睛里去，可能会导致短期的失明。

拇指樱桃

FINGER CHERRY

Rhodomyrtus macrocarpa

拇指樱桃是一种小型的澳大利亚树种，也被称为澳大利亚枇杷（native loquat）。早有传闻说吃了它红色小果实的人会造成永久失明，在20世纪初一些报纸报道了几个儿童因为误食这种果实而失明，1945年也有一家报纸报道，二十七名来自新几内亚的士兵因为食用了这种果实而失明。导致失明的原因可能是由于一种感染这种树的真菌盘长孢菌（*Gloesporium. periculosum*）引起的。澳大利亚人非常清楚不能做上述的尝试。

天使号角

ANGEL`S TRUMPET

Brugmansia spp.

天使号角属于木曼陀罗属，是同曼陀罗属亲缘关系较近的一种南美植物，这个植物会导致一种令人惊恐的状况——“园丁瞳孔放大”或叫过度散瞳。有时瞳孔放大到几乎布满了虹膜而导致失明。其效果是如此可怕，导致人们误以为得了脑动脉瘤而进了急诊室。

最近的一个案例报道，一名六岁的女孩在她家后院的浅水池跌倒了，父母注意到她的瞳孔放大了，赶紧把她送到了医院。医生问孩子父母，她是否接触过任何有毒植物，父母说没有。后来，一系列的医疗检查结果显示她的确接触过，女孩也回忆道，当她将要掉进池塘时，曾试图抓住过这种植物。

木曼陀罗属和曼陀罗属植物中的生物碱可以很容易经皮肤吸收以及被无意中揉入眼中，从而导致这种暂时性却非常可怕的视力问题。

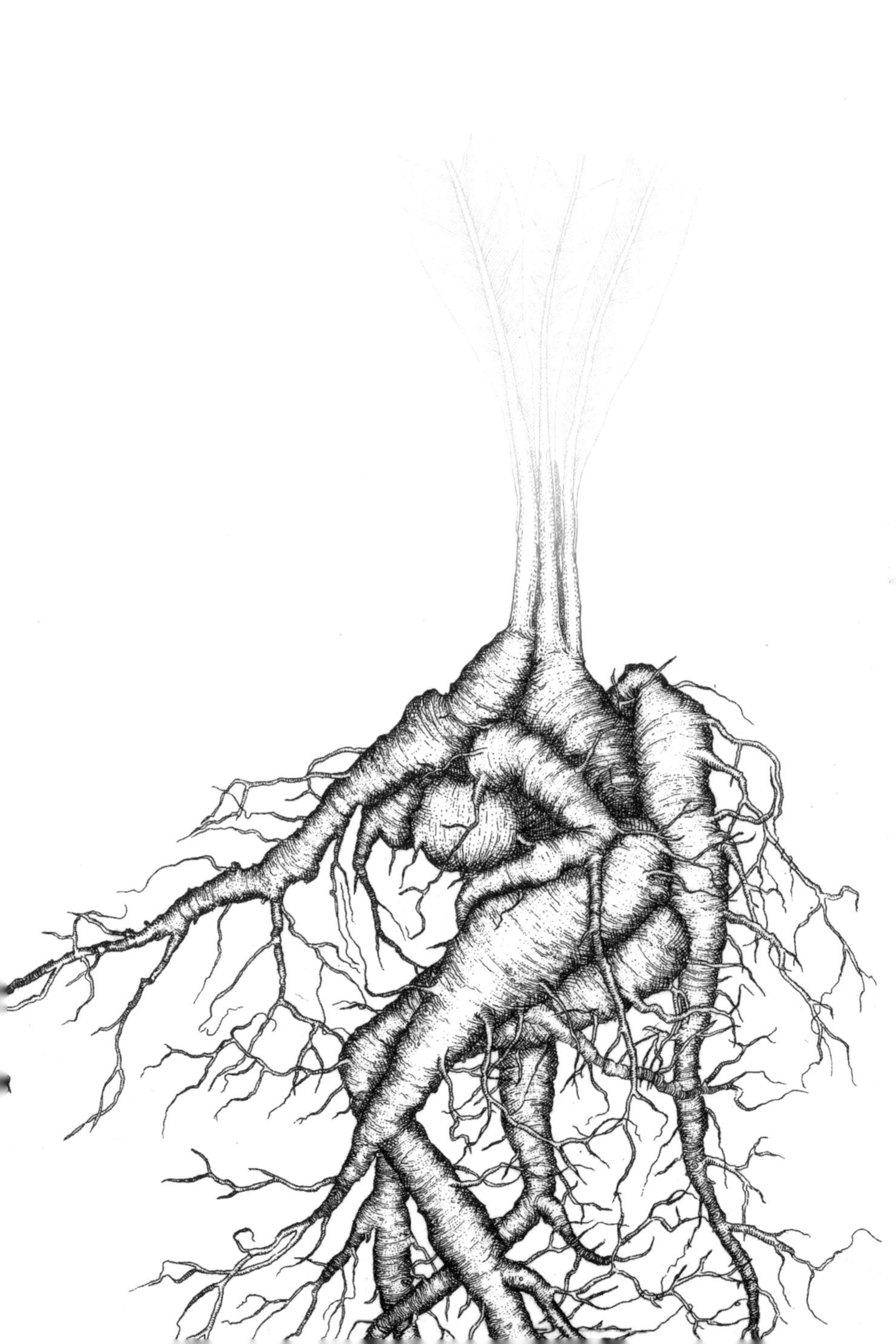

曼德拉草

MANDRAKE

拉丁名 *Mandragora officinarum*

科名 茄科 Solanaceae

生境 田野，户外，阳光充足的地区

原产地 欧洲

别名 撒旦的苹果（Satan's apple）、醉仙桃（mandragora）

去吧，捕捉一颗流星，
用曼德拉草根迎接孩子，
告诉我那些逝去的岁月到哪去了？
或是谁劈开了魔鬼的脚……
——约翰·多恩（John Donne[01]）

曼德拉草不是茄科最毒的植物，但它肯定有最可怕的声誉。这是一种不起眼的陆生植物，高约一英尺，叶片莲座丛，淡绿色花朵，果实像未成熟的小西红柿，有一定的毒性。但是，曼德拉草毒性最强的是地下部分。

它的根长而尖，有 3－4 英尺（约 0.9－1.2 米），且像胡萝卜一样在坚硬的土地有分叉。古文明时代的人认为，它分叉的毛状根就像一个邪恶的小人，有时是男性，有时是女性。罗马人

01 John Donne（1572－1631），英国诗人，这段诗节选自著名诗歌"Go and catch a falling star"。

认为曼德拉草可以治愈着魔性的精神错乱，而希腊人认为它像一个男性性器官，可以增强性欲。很多人都知道，曼德拉草拔地而出时会发出非常刺耳的尖叫，听到这种声音的人可能会死亡。[01]

公元前1世纪有个犹太史学家弗拉维奥·约瑟夫（Flavius Josephus），他描述了一种躲避曼德拉草恐怖的尖叫声的方法：用绳子将一只狗绑在植物的基部，然后人撤离到一个听不到声音的安全距离。当狗跑开时，就会把它的根拉出来。即使狗被那种尖叫声杀死，人还可以拾起根并使用它。

浸泡过曼德拉草的酒是一种强力的镇定剂，曾是用来对付敌人的有效武器。大约公元前200年，在北非迦太基城的战斗中，汉尼拔（Hannibal）将军用曼德拉草发动了一场早期形式的化学战争，他留下了一个盛宴后从城市里撤退，这个盛宴包括一种用曼德拉草制成的麻醉酒，最后非洲战士全部喝醉并睡着了，汉尼拔的军队返回后设下埋伏将他们全部杀害。

威廉·莎士比亚或许就是想到了这个典故，才在《罗密欧与朱丽叶》中为毒药创造了一个角色。修士给了朱丽叶一瓶帮助睡眠的曼德拉草制成的药水，并做了这样一个冷酷的承诺：

你的嘴唇和颊上的红色都会变成灰白

你的眼睑闭下，就像死神的手关闭了生命的白昼

---

01 《哈利·波特》中曼德拉草被拔出来以后就出现了一个长相难看哭声刺耳的婴儿，而听到哭声的人的身体就会受到一定损伤。

曼德拉草是通过与颠茄同类的生物碱而发挥催眠的魔力的。阿托品、莨菪碱（Hyoscamine）和东莨菪碱（Scopolamine）都在这种植物中存在，且都起到减缓神经系统反应从而导致昏迷的作用。

最近，一对意大利老夫妇来到一个急诊室，他们在吃了它的果实后几个小时内语无伦次、产生幻觉。医院采用了强力的解毒剂（据说是，医生给他们服用了一种从毒扁豆中提取的毒性更强的毒扁豆碱），以使心跳和意识恢复正常。

亲属同盟：臭名昭著的茄科植物包括辣椒、番茄、马铃薯，以及致命的颠茄和莨菪。

大 麻

MARIJUANA

拉丁名 *Cannabis sativa*

科 名 大麻科 Cannabaceae

生 境 阳光充足、温暖的地方，草地和田野等开阔地带

原产地 亚洲

别 名 大麻叶（Pot）、ganja、玛丽珍（Mary Jane）、花蕾（bud）、野草（weed）、草（grass）

违法！

大麻被人类用了至少五千年，却在过去近七十年才被管制或禁止。从亚洲各地区挖掘的窑洞中都有发现大麻纤维（是一种从四氢大麻酚 [THC] 含量较少的大麻品种提取的纤维，因此不能被用作药品）。在公元70年，罗马名医迪奥斯科里德（Dioscorides）就在他的《本草植物医疗指南》（*De materia medica*）中提到了这种植物的药用价值。后来这种植物药传到了印度以及整个欧洲，并最终传到美洲新大陆，早期的移民者把它作为一种纤维经济作物种植。《独立宣言》的初稿就写于大麻纸上的。大麻在早期还被作为一种专利药物使用，大约1864年到1900年间，用大麻制成的一种名为“阿拉伯魅力 Gunje”[01] 的糖果被销售至曼哈顿，号称是“最愉快的和无害的兴奋剂”。

这种一年生草本植物高10—15英尺（3—4.6米），分泌一种令人兴奋的黏性树脂，可以用于生产麻药。植物的全株均含有

---

01 大麻在梵文里称为 ganjika，现代印度语言称作 ganja。

四氢大麻酚，这种成分有神经刺激作用，会带来轻微的愉悦感、放松以及时间缓慢流逝感。在较高剂量时，一些人会偶有偏执和焦虑等症状，但大部分症状在几个小时内都会消退。大麻不被认为是一种致命的植物，除非因使用大麻而导致车祸、抢劫或室内种植引起火灾。

关于大麻的分类植物学家仍在争论。有人认为大麻（*Cannabis sativa*）、印度大麻（*C. indica*）和俄罗斯大麻（*C. ruderalis*）是三个独立的种，而另一些人认为，基因学上只有大麻一个种，其余都是它的不同亚种。这些亚种或者种都可称为大麻。调查显示，大麻纤维除了用于纺织和造纸之外，也是一种潜在的生物燃料，此外，大麻的种子因为富含蛋白质、不饱和脂肪酸和维生素也被作为一种食品原料使用。

一些历史学家认为，早在 20 世纪早期因为文化战争印度大麻才被宣布为不合法。爵士乐音乐家、艺术家、作家以及游手好闲的人中很流行在娱乐活动中使用大麻作为一项消遣活动。1937 年的大麻税法限制了它的使用范围，但没有禁止。打击运动（Beat movement）的开始可能最终导致了把这片邪恶的杂草从美国年轻人手中夺走的结果。1951 年博格斯法案（Boggs Act）中大麻被宣布为非法药物。今天在全世界大部分的国家大麻的使用是禁止或严格限制的。尽管如此，美国卫生部调查研究显示，9700 万年龄在十二岁及以上的人（约美国总人口的三分之一），在其一生中都曾经使用过大麻。3500 万人（超过美国总人口百分之十）在过去一年里使用过。据联合国统计，有百分之四的世界人口，即 1.6 亿人，每年都在吸食这种毒品。

世界非法大麻种植面积约有 50 万英亩（约 303.5 万亩），产量接近 4.2 万吨，全世界产值大约 4000 亿美元。其中美国产值达到 350 亿美元，同比玉米的产值是 226 亿美元，而另一种邪恶的植物——烟草，只有 10 亿美元。尽管大麻被作为一种经济作物种植，但它同时也是一种杂草。美国药品监督管理局报道，2005 年执法机构根除 420 万的栽培大麻及 2180 万以上的被代理机构鉴定为野生大麻（ditchweed）的植物（ditchweed 是从合法种植大麻时就存在的一个野生大麻品种）。这意味着，美国根除大麻的努力，98% 是针对这种野生杂草的。

亲属同盟：用于酿造啤酒的啤酒花（*Humulus lupulus*）也是大麻同一个科的植物，虽然它的芽可作为轻度镇静剂，但几乎没有人知道它们是有毒的。北美观赏树木朴树（*Celtis* spp.）也是与其亲缘关系相近的树种。

欧洲夹竹桃

OLEANDER

拉丁名 *Nerium oleander*

科 名 夹竹桃科 Apocynaceae

生 境 热带、亚热带和温带气候，通常在干燥、阳光充足的地方和干燥的河床

原产地 地中海地区

别 名 玫瑰桂树（Rose laurel）、安静的树（be-still tree）

在公元77年，老普林尼将夹竹桃描述为“一种外形和玫瑰树非常相似的常绿植物，从茎干分出许多分支，对驼兽（马驴等）、山羊和绵羊是有毒的，但对于人类来说，却是毒蛇咬伤的一种解毒剂”。

普林尼是他那个时代最有影响力的植物学家，但他对夹竹桃的认识却是错误的。夹竹桃可以提供给被毒蛇咬伤的受害者的唯一帮助就是让他迅速和无痛苦地死亡。这种具有剧毒的灌木因其红色、粉红色、黄色或白色的花朵在世界气候温暖的地方很受欢迎。因为它的分布如此广泛，多年以来它已成为数量惊人的谋杀案和意外死亡的罪魁祸首。一种广为流传的传说是，一个篝火晚会上因为使用了夹竹桃树枝做的叉子烤肉，而导致食用了烤肉的露营者死亡，这个故事虽然未经证实，但是夹竹桃的树汁和树皮是很容易污染食品的。

夹竹桃含有一种强心苷——夹竹桃苷（oleandrin），会导致恶心、呕吐、衰弱、心律失常、心跳减慢，最后迅速死亡。它对动物也是有毒的：尽管它的叶片有苦味，猫或狗也依然会被诱惑

去咬它。燃烧夹竹桃而产生的烟雾也具有刺激性，甚至这种植物的花蜜制成的蜂蜜也是有毒的。一个堆肥的研究表明，夹竹桃堆积的肥在 300 天内都能检测到夹竹桃苷，庆幸的是施这种堆肥时蔬菜并不吸收这种毒素。

夹竹桃对儿童有很大的威胁性，因为只要几片夹竹桃叶子就可能使他们死亡。2000 年南加州的两个孩子死在婴儿床上，嘴里被发现有咀嚼过的夹竹桃叶子。短短几个月后，南加州的一个妇女为了得到她丈夫的人寿保险金，在他的食物里放了夹竹桃叶，他由于重症胃肠道问题去了医院而幸免于难。在他休养的过程中，他的妻子给他喝了混合了防冻剂的佳得乐（Gatorade）而最终达到了目的。她现在是加州 15 名死囚妇女其中之一，也是唯一试图用植物杀人的罪犯。

医学文献也定期会有企图用夹竹桃自杀的案例出现，特别是疗养院的病人，可能因为夹竹桃是一种很受欢迎的景观植物，老人们大多清楚它的毒性。在斯里兰卡，黄花夹竹桃（*Thevetia peruviana*）和夹竹桃亲缘关系较近，已成为最常被选用的自杀方法，尤多见于女性。最近医院调查了超过 1900 个因为黄花夹竹桃种子中毒的患者，死亡率约为百分之五，其中老年人的死亡率更高，这可能是由于他们身体的虚弱，或者由于他们寻死的决心更大，因此往往比年轻的人摄取更多的种子导致的。

不幸的是，夹竹桃也是一种药用植物，但是有些癌症或心脏病患者从网上找到的夹竹桃汤或者夹竹桃茶的食谱尝试的做法却是非常危险的。虽然在美国一种叫作 Anvirzel 的夹竹桃提取物试图进入市场，但并没有获得 FDA 的批准。

亲属同盟：夹竹桃科开花的树木和灌木还包括有香味的鸡蛋花（plumeria）、剧毒的海芒果（cerbera）、小长春花（periwinkle）和黄花夹竹桃（*Thevetia peruviana*）。

花园禁地

FORBIDDEN GARDEN

危险的植物不只隐藏于亚马孙雨林或热带丛林，它们可能就广泛地存在于本地的花园之中，只不过没有加上有毒的标识。如果心存疑问难以确定时，请要求和提醒儿童不要吃任何餐桌上没有见过的东西。尤其小心下面这些可能就在你家后院的美丽的有毒植物：

杜鹃花类植物

AZALEA AND RHODODENDRON

Rhododendron spp.

杜鹃花属包含八百多种植物以及上千个变种，都是很受欢迎的观赏灌木。但是这类植物的叶、花、花蜜和花粉中都含有有毒成分木藜芦毒素（grayanotoxin），误食可能会引起心脏问题、呕吐、头晕和衰弱。从杜鹃花上采集的蜂蜜也是有毒的，大约公元77年，老普林尼曾质疑为何自然界会创造有毒的蜂蜜，他说："其目的除了提醒人类多一点谨慎少一些贪婪外，还会有什么动机呢？"

洋 槐

BLACK LOCUST

Robina psucdoacacia

洋槐是一种北美本土的树木，它的花簇很像紫藤花，颜色呈粉红、淡紫或奶白；除了花，它的全株包括枝条上的刺都含有一种名为刺槐毒素（robin）的有毒成分，类似于蓖麻毒素（ricin）和相思子毒素（abrin）（后两种分别在蓖麻子和相思豆中发现），在秋天，树皮的刺槐毒素含量尤其高。刺槐毒素有着温和的毒性，它会导致脉弱、肠胃不适、头痛、四肢寒冷等症状。

秋水仙类植物

COLCHICUM

Colchicum spp.

这类开花植物有时也被称为番红花或藏红花，但它们既不是真正的番红花，也并非番红花的同属植物。这种鳞茎植物秋季开粉色或白色花，但全株都是有毒的。它们的毒性是来自于一种生物碱成分——秋水仙素（colchicine），秋水仙素会导致发热、发烧，呕吐和肾功能衰竭。早在古代，秋水仙素已被作为治疗痛风的药物而使用，同时也是一种常见自然疗法的有效药物；直到2007年，俄勒冈州一桩突发的死亡案件导致美国FDA召回了这种药物。

瑞香类植物

DAPHNE

Daphne spp.

瑞香类植物因为在冬季和早春开花，并散发浓郁的芳香而很受人们的欢迎，只要一两个花枝就能香满整个房间。但是它分泌一种汁液会刺激皮肤，而且全株有毒。它的浆果颜色鲜艳，只要几颗就可能毒死一个孩子。幸存者可能会有喉咙刺激感、内出血、虚弱和呕吐等症状。

毛地黄

FOXGLOVE

Digitalis spp.

毛地黄是一种低矮的两年或多年生植物，花序很大，呈尖塔状，开喇叭状花，白色、淡紫色、粉红色或黄色。毛地黄会刺激皮肤，不慎摄入会造成严重的胃部不适、谵妄、震颤、抽搐、头痛和严重的心脏病。毛地黄植物全株含有一种强心苷成分——地高辛（digoxin），是洋地黄类心脏病药的一种成分。

藜芦、大斋玫瑰

HELLEBORE LENTEN ROSE

或圣诞玫瑰

CHRISTMAS ROSE

Helleborus spp.

这种低矮的多年生植物具有引人注目的深绿色叶片，冬季和初春开花，花朵五瓣，颜色多变，有浅绿色、白色、粉色、红色或褐红色。植物的全株都是有毒的，它的汁液会刺激皮肤，误食会导致口腔刺激、呕吐、头晕、神经性抑郁、抽搐等症状。这种植物曾经是一种常用药，据说亚历山大大帝是因为用了含有藜芦的药而中毒死亡。有些历史学家认为有史以来最早的一次化学战争实例是在公元前 595 —前 585 年第一次圣战中，希腊军事联盟在基拉（Kirrha）市的自来水中下了藜芦的毒而取得胜利。

绣球花

HYDRANGEA

Hydrangea spp.

绣球花是一种盛放蓝色、粉红色、绿色或白色大型花簇的珍贵园林灌木，绣球含有微量的氰化物。虽然它引发的中毒案例很少见，但是由于人们常用它的花做蛋糕顶部的装饰，这可能让人误以为它可食用。它的中毒症状包括呕吐、头痛和肌肉无力。

马缨丹类植物

LANTANA

Lantana spp.

这是一类低矮的很受欢迎的多年生常绿植物，夏天开橙色或紫色花，花期较长，较易吸引蝴蝶。它的浆果在未成熟呈绿色时有毒成分含量最高，若摄入则会造成视觉问题、乏力、呕吐、心脏问题甚至死亡。

半边莲类植物

LOBELIA

Lobelia spp.

半边莲属包含很多很受欢迎的园林植物，包括适合种植在花坛的一年生小型孔雀蓝色的南非半边莲（*L. erinus*）；在湿地生长茂盛的鲜红的大钉一般的红花半边莲（*L. cardinalis*），以及热带植物存疑半边莲（*L. tupa*），也叫作魔鬼烟草；浮华半边莲（*L. inflate*），或叫印第安烟草，也有称作美洲商陆或者呕吐草的。半边莲的有毒成分叫山梗菜素（lobelamine）和山梗烷醇酮（lobeline），类似于尼古丁，摄入后可导致心脏问题、呕吐、震颤和麻痹。

黄色茉莉或卡罗来纳茉莉

YELLOW JESSAMINE OR CAROLINA JESSAMIN

Gelsemium sempervirens

原产于美国西南部的常绿藤本植物。因为它喇叭状、明黄色、芬芳的花朵而成为一种受欢迎的地被和攀缘植物，并已被作为南卡罗来纳州的州花。该植物的全株都是有毒的，包括花粉和花蜜。有些儿童误以为黄色茉莉花是金银花而吮吸它的花蜜导致死亡，甚至在开花植物较少的季节频繁采集这种花蜜的蜜蜂也可能被毒死。

罂　粟

OPIUM POPPY

拉丁名　*Papaver somniferum*

科　名　罂粟科 Papaveraceae

生　境　温带气候，阳光充足、土壤肥沃的地方

原产地　欧洲和亚洲西部

别　名　面包子罂粟（Breadseed poppy）、牡丹罂粟（peony poppy）、土耳其罂粟（Turkish poppy）、"母鸡和小鸡"罂粟（"hens and chicks" poppy）

违法！

罂粟是唯一一种二级管制类（二级管制的定义是具有很高的被滥用的可能，但可作为处方药使用）麻醉药，但却可以通过花园目录订购，在苗圃中找到，在花卉市场找到，或者在自己的花坛种植的特殊植物。虽然藏有罂粟或罂粟秆绝对是非法的，但大多数地方执法人员承认，比起老奶奶花园里几朵粉红色或紫色的罂粟花，他们手头有更重大问题需要解决。只有持有罂粟的种子是合法的，因为不得不承认，罂粟种子是一种很受欢迎的食品配料。

经验丰富的园丁可以很容易区分鸦片罂粟和其他没有麻醉效果的近亲植物。鸦片罂粟叶片光滑，蓝绿色，有着粉红、紫色、白色或红色的巨大花朵，花谢后结出蓝绿色的肥大蒴果。用刀划破刚收获的新鲜蒴果，会渗出一种乳白色的汁液，这种汁液含有吗啡、可卡因及其他止痛药常用的麻醉剂成分，这种乳汁就是生产鸦片的原料。

公元前 3400 年中东地区已开始种植罂粟。荷马的《奥德赛》（*Odyssey*）中提到一种让特洛伊的海伦忘记痛苦的灵丹妙药——忘忧药，许多学者认为，忘忧药就是一种添加了鸦片的饮料。在公元前 460 年，希波克拉底（Hippocrates）支持将鸦片作为止痛药使用。记录显示，鸦片作为一种娱乐性药物使用要追溯至中世纪了。

在 17 世纪用鸦片和一些其他成分混合制成的药物鸦片酊作为处方药销售。直到 19 世纪初医生才从这种植物中提取吗啡。拜耳制药公司 1898 年引进了这种很受欢迎的提取物，并创造了一种更强大的药物。想知道他们为此药品取了什么名字吗？叫它海洛因！拜耳公司将其作为儿童和成人止咳糖浆出售，但它在市场上大约只流通了 10 年。不过，海洛因在使用药物的人群中已经流行起来，并且开始成为一种毒品。

海洛因使用的迅速增长导致美国政府强行限制，并最终在 1923 年完全禁止海洛因的使用。但是，海洛因的使用依然持续增长，时至今日有 350 万美国人报告在其一生中曾经使用过海洛因。据世界卫生组织估计，全世界至少有 920 万人在使用海洛因。世界 90% 的鸦片都产自阿富汗，但美国人主要从哥伦比亚和墨西哥进口海洛因。

鸦片可以创造一种兴奋的感觉，但也抑制了呼吸系统，可能导致昏迷和死亡。它干扰了大脑的内啡肽受体，因此很难使吸毒成瘾者利用大脑天然的止痛药。这也是戒断海洛因非常困难的原因之一。那些被扔进监狱、被迫去戒掉毒瘾者有时会把自己撞向牢房的柱子从而分散剧烈的肌肉疼痛。即使用这种种子和蒴果制成的茶也可能是危险的，因为不同植株的吗啡含量参差不齐。2003 年加州就有一个 17 岁少年因为饮用“天然”罂粟茶过量而死亡。

一个典型的海洛因使用者每年所需海洛因的量至少要收获一万棵罂粟植株才能满足供给，但对于想要种植这种花朵的园丁法律却没有免责条款。在 20 世纪 90 年代中期，美国药品管理局担心罂粟种子的供应可能有助于国内的家庭生产海洛因，从而要求公司在他们自主提供的种子目录中停止销售罂粟种子。大多数种子公司不理会这项规定，罂粟花仍然很受园丁们的欢迎。在烘焙食品中少量使用罂粟种子是无害的，但若吃两个加了罂粟种子的松饼就可能导致对药物测试呈阳性结果。

亲属同盟：其他罂粟包括东方罂粟（*Papaver orientale*）、雪莉虞美人或佛兰德斯田野罂粟（*P. rhoeas*）和冰岛罂粟（*P. nudicaule*）。橙色的加州罂粟和它们不一样，这种本土野花是花菱草（*Eschscholzia californica*）[01]。

01　属于罂粟科花菱草属，此植物有一定的毒性，直接接触其叶子可能会感觉瘙痒，起颗粒，严重时必须去看医师；将果子吃下去也许会引起呕吐、拉肚子等症状。

可怕的花束

DREADFUL BOUQUET

1881 年 7 月 2 日，查尔斯·吉特奥（Charles Julius Guiteau）开枪射杀总统詹姆斯·加菲尔德（James Garfield）。他射击不够精准，总统没有立即死亡，活了十一个星期，最后因为医生在寻找靠近脊椎的子弹时使用了未经消毒的仪器探测他的内脏器官而死亡。查尔斯·吉特奥试图用这起医疗事故为他古怪的、戏剧性的行为开脱："是医生杀死了加菲尔德，我只是射击了他。"不过最终他被判以绞刑。

在绞刑执行的早上，他姐姐给他带来了一束鲜花。监狱官员截获花束后，发现花瓣中间有足够杀死几个人的砒霜。尽管姐姐否认在送弟弟的花束上下毒，但是众所周知，是吉特奥担心刽子手的绞索，宁愿以其他方式死去。

不过，有加砒霜的必要吗？如果稍加规划，吉特奥的姐姐可能只需要一束鲜花，就能达到她的目的。

飞燕草类植物

LARKSPUR AND DELPHINIUM

Delphinium spp.

花卉爱好者青睐它的粉红、蓝、淡紫或白色的尖塔状的花朵以及带状的细小叶片。这种植物发现含有与其亲缘关系相近的乌头类似的有毒物质，这种成分的含量因品种和植物的年龄而有所差异，但是如果吃了太多也足以达到致死剂量。

山谷百合

LILY-OF-THE-VALLEY

Convallaria majalis

一种春天开花有着浓郁香气的植物，它含有几种不同的强心苷成分，在高剂量时可能导致头痛、恶心、心脏症状，甚至心脏衰竭。花开后的红色浆果也是有毒的。

荷包牡丹

BLEEDING HEART

Dicentra spp.

一种可爱的传统花卉，花形很像一颗滴血的心，因此它的英文名字（bleeding heart）就是以其花的形状而命名的。荷包牡丹含有一种有毒生物碱成分，可能会导致恶心、痉挛和呼吸问题。

香豌豆

SWEET PEA

Lathyrus odoratus

香豌豆植株跟普通的豌豆藤很像，只不过它的花比普通豌豆更大，颜色更丰富多彩，有着令人难以置信的芬芳。全株都有一定的毒性，而嫩枝和豆荚含有一种有毒氨基酸——山黧豆素（lathyrogens），毒性更强。山黧豆属的植物除了香豌豆外，还有一些豆类和野豌豆也会导致麻痹、虚弱和颤抖等山黧豆中毒症状。

郁金香

TULIP

Tulipa spp.

这种植物分泌一种高度刺激性的汁液，接触它的鳞茎就会刺激到皮肤，在荷兰的球根植物行业的工人都知道，即使是鳞茎产生的干燥粉末都可能会引起呼吸问题。花卉行业处理郁金香的工人会得一种职业病叫“郁金香手指”，他们手指的皮肤肿胀疼痛，起红色皮疹并且龟裂。

在荷兰的饥荒时期郁金香的球茎曾被误作洋葱而食用——这真是一个坏主意，误食它会带来呕吐、呼吸困难、严重的虚弱等症状。

风信子

HYACINTH

Hyacinthus orientalis

这是花卉行业众所周知可能造成“风信子痒”的一种植物，

如果徒手处理它的鳞茎，它的汁液会刺激皮肤。

六出花或秘鲁百合

ALSTROEMERIA 或

PERUVIAN LILY

Alstroemeria spp.

它也会引起同郁金香和风信子类似的皮炎，这些不同品种的鲜花的交叉感染会带来更严重的皮肤疼痛问题。

菊 花

CHRYSANTHEMUM

Chrysanthemum spp.

菊花已用于茶叶和中药，但它的植株可引起严重的过敏反应。有些人可能发展出皮疹、眼睛肿等症状。某些种类的菊花已被用于生产除虫菊和有机杀虫剂。

乌 头

ACONITE

Aconitum napellus

乌头或附子，是一种流行的园艺花卉，它的蓝色或白色的塔状花和飞燕草很相似。虽然放在花束中它们非常漂亮，却含有致命的有毒成分，会导致神经瘫痪甚至死亡。花匠应避免徒手处理它们的花茎，因为即使只是皮肤接触就会带来麻木和心脏问题。

金凤花
又称凤凰木

PEACOCK FLOWER

拉丁名 *Caesalpinia pulcherrima*,
也即 *Poinciana pulcherrima*
科名 豆科 Fabaceae

生境 热带和亚热带的山坡，
低地雨林
原产地 西印度群岛

别名 红色天堂、孔雀豆

金凤花是奴隶贸易历史中一个悲剧性角色，这种美丽的热带灌木，具有细长的叶片和蜂鸟难以抗拒的灿烂的橙色花朵，其豆荚种子是西印度妇女众所周知的毒药。

18 世纪的医学文献描述了怀孕的奴隶妇女宁愿选择堕胎也不愿意将孩子生下来成为替奴隶主创造财富的工具。这种反抗有许多形式：一些妇女向农场医生寻求能导致流产的药物，也有另外一些人借助凤凰木这种植物的作用。它被认为会带来月经，欧洲的医生有时也称其为“坠落花”。

1705 年，植物学探险家玛丽亚·希波拉·马利安（Maria Sibylla Merian）首次阐述了西印度的奴隶们如何以这种植物为工具反抗奴隶主：“受荷兰的奴隶主压迫的印度人，不愿意让子女也像他们一样成为奴隶，用这种植物的种子堕胎。来自几内亚和安哥拉的黑人奴隶以拒绝生孩子为要挟寻求被更好的对待。事实上，奴隶主们对他们非常残忍，他们告诉我他们甚至不惜拿自己的生命做赌注，因为他们相信自己会重生，然后自由地生活在自己的土地上。”

凤凰木是一种观赏灌木植物，深受欧洲植物收藏家的喜爱。它遍布整个美国南部，特别是佛罗里达州、亚利桑那州和加利福尼亚州。在冬季气候温和的地区，它可以长到二十英尺高。树皮覆盖着尖锐的刺使人很难触碰。夏天盛开红色、黄色或橙色的花朵，在秋天结含有毒种子的褐色豆荚。

西印度的妇女很好地隐藏了她们的秘密：在其作为观赏灌木的整个历史记载中，很少有植物文献提及它在绝望的奴隶妇女反抗奴隶主斗争中所起的作用。

家族同盟：云实属（*Caesalpinia*）包括将近七十种热带灌木和小乔木树种。*C. gilliesii*，也被称为鸟的天堂，是一种在西南地区很流行的观赏树木。种子中所含有的单宁成分是有毒的，会导致严重的肠胃反应，但大多数患者可在二十四小时后恢复。

佩奥特仙人掌

PEYOTE CACTUS

拉丁名　*Lophora williamsii*

科名　仙人掌科 Cactaceae

生境　沙漠，种子发芽时喜欢潮湿的环境

原产地　美国西南部和墨西哥

别名　佩奥特掌（Mescaline）、魔鬼之根（devil's root）

当西班牙传教士抵达新大陆后，他们发现美洲印第安人在宗教仪式中使用佩奥特掌（墨斯卡灵），并称之为巫术，殖民者禁止这种行为，使其被迫转为地下进行。讽刺的是，白人统治者反对用佩奥特掌，却解释说是由于它可能会对美洲印第安人造成危害，这种信念一直持续到20世纪，1923年，《纽约时报》引述一位反佩奥特掌十字军的话，那些使用仙人掌之人可能无法得到帮助："酗酒的人通过非常细心的治疗可以逃脱身体和精神的虚弱，但墨斯卡灵（酒）这种魔鬼却是完全无法阻止的。"

这种生长缓慢的小型仙人掌没有刺，外形似一个直径一到两厘米的按钮，顶端开小的白色花朵，花谢后结籽。但是，仙人掌的过度采集，使得这种植物在西南地区濒临绝种，因此在沙漠中已很难寻找到大片的佩奥特掌。

干燥的佩奥特掌很苦，不能食用也不能制成茶。它中毒的最初症状相当可怕，包括焦虑、头晕、头痛、发冷、极度恶心和呕吐，接下来会产生幻觉，包括对鲜艳色彩的强烈体验，对声音感知的增强，以及思路的清晰。然而，佩奥特掌的中毒症状可能有很大的不同，也被形容为“一个化学诱导的精神病模型”。

美洲印第安人在宗教仪式中使用佩奥特掌的行为早已引起很多质疑。20 世纪初，对食物和药物安全追求不懈的倡导者瓦特·威利·哈维博士，曾向参议院印第安人事务委员会提议，一旦在宗教仪式中允许使用佩奥特掌，“我们的教会将成为酒精教会、可卡因教会和烟草教会。”1990 年美国最高法院在“俄勒冈州人力资源部就业司诉史密斯案”中裁定，第一修正案不保护想要在他们的宗教活动中使用药物的美洲印第安人。作为回应，美国国会修订了美洲印第安人宗教自由法案，允许美洲印第安人在宗教仪式中使用佩奥特掌，而对于其他人，墨斯卡灵是一类受控的物质，持有它就是一项重罪。

亲属同盟：佩奥特掌是仙人掌科两三千个种类的成员之一。与它亲缘关系较近的翠冠玉（*Lophophora diffusa*），也已检测出含有微量墨斯卡灵以及其他神经性成分。

致幻植物

PSYCHEDELIC PLANTS

美国毒品管制局是很少能够跟上民众对改变精神类植物的胃口了。由于有些此类植物并不违法，因此在那些追求“嗨”的人中间十分抢手。大多数人都不擅长植物鉴定，不能肯定他们自己收集的是什么植物。此外，不同植物种类及种植方法的活性成分水平可能有所不同，天气情况改变时也会有所变化。这里仅仅是几个在反主流文化界有名的迷幻植物：

预言圣人

Salvia divinorum

一种原产于墨西哥的小型多年生鼠尾草，和其他庭院鼠尾草长得非常相似。它在互联网上获得了很高的名气。用这种植物的叶子做烟叶或者咀嚼都能产生幻觉，但许多使用者反馈这种植物不值得尝试，因为伴随有一种短暂而可怕的经历。尽管美国缉毒局（DEA[01]）未将其列入受控物质清单内，但也已将其确定为一个需要关注的领域。美国的某些州、大多数军事基地，以及欧洲的一些国家已经禁止它。不幸的是，新闻报道往往不能区分这一特定物种及许多其他在花园受欢迎的没有神经影响作用的鼠尾草品种。

圣佩德罗仙人掌

Trichocereus pachanoi

即 *Echinopsis pachanoi*

一种圆柱形少刺的仙人掌，遍布整个安第斯山脉，常在祭典中使用。同佩奥特掌一样， 圣佩德罗掌也含有墨斯卡灵成分，但它不在DEA的买卖受控药品名单上，因此，这种植物被广泛种植，但大面积种植这种植物用来生产和销售墨斯卡灵的人可能被起诉。另外，还有另外一种与它亲缘关系较近的仙人掌白聚球（*Echinopsis lageniformis*），因其解剖形状又被叫作阴茎仙人掌，也较少文件记录。

01　DEA=Drug Enforcement Administration

帽柱木

Mitragyna speciosa Korth

一种东南亚树种，咀嚼叶片会达到同古柯或阿拉伯茶一样的兴奋作用。服用较高剂量时会令人产生一种轻微的兴奋和精神愉快的感觉，但它的副作用包括恶心和便秘。虽然使用这种植物在美国并不违法，但因为它的成瘾性，泰国、澳大利亚以及其他一些国家已经禁止这种植物的使用。

大果阿那豆

Anadenanthera peregrine

一种具有长形棕色豆荚的南美树种。它的种子含有一种名为蟾毒色胺的神经性化合物，在一些土著部落的宗教仪式中被作为鼻烟使用。这些种子因为其致幻作用而被瘾君子们喜爱，但使用不当也可能引发癫痫。此外，某些种类的蟾蜍也分泌蟾毒色胺，有些人冒着可能会产生惊厥或心脏问题的危险，舔蟾蜍过瘾。

蟾毒色胺在 DEA 的买卖受控药品附表一上，但含有这种成分的大果阿那豆种子或蟾蜍并没有被明确认定为非法。一些临床研究表明，患有精神分裂症和其他一些精神障碍的人的尿液中能检测出蟾毒色胺。也有大果阿那豆含有二甲基色胺（死藤水的有效成分）的传闻，但测定结果表明，这两种成分在大果阿那豆种子中不存在。

牵牛花

Ipomoea tricolor

牵牛花的种子含有少量的麦角酸酰胺，如果大量食用可能会产生幻觉。这种种子很受青少年欢迎，他们咀嚼它或用来泡茶。最近的新闻报道表明，园艺中心许多人员不知道青少年的这种爱好，将成包的种子销售给年轻人，希望他们开始表现出对园艺的兴趣。吃了牵牛花种子的孩子可能因极其危险的心率过快和可怕的幻觉而住院。

芹叶钩吻

POISON HEMLOCK

拉丁名 *Conium maculatum*

科名 伞形科 Umbelliferae

生境 北半球的田地及牧场；喜湿润土壤和近海岸区域

原产地 欧洲

别名 斑点香菜、斑点长命竹、毒蛇草、海狸毒草

1845 年的一天，一位名为高邓肯的苏格兰裁缝吃了一个夹有野菜的三明治，这些野菜是他的孩子们为他采集的。几个小时后，他竟然死了。孩子们犯了一个致命的错误，他们将芹叶钩吻混同于同样有着花边叶子的香菜。这是他们从父亲那里上的最后一节（也许也是唯一一节）植物学课，那节课让他们永生难忘。

芹叶钩吻致死事件从表象上看十分简单：高先生像喝醉酒一般跌跌撞撞，四肢逐渐瘫痪，最终毒素侵蚀到心脏和肺部致死。医生的死亡报告上说：“直到死亡前不久死者的神志还是相当清醒的。”

芹叶钩吻的最著名的受害者是希腊哲学家苏格拉底。他在公元前 399 年因其众多罪状中的“腐蚀”雅典青年罪而被判死刑。他的学生柏拉图见证了他的死亡。到了行刑时间，狱警递给苏格拉底一杯毒酒，他平静地将毒酒喝了下去。这个戴罪之人在牢房里踱步，直到他感觉两腿发沉倒在地下。狱警按压他的脚和腿，问他是否还有知觉，他并没有回答。柏拉图写道：“狱警随后动

了动他说，当寒冷到达他的心脏，他就会离去了。”过了一会儿，苏格拉底安静地死去了。

芹叶钩吻的毒性并不温柔。一位名叫尼坎德尔的古罗马军队的医生（公元前 197 —前 130 ）在他的一篇散文诗里描写了这种毒物：警惕芹叶钩吻这种有毒的饮品，因为它会释放头顶的灾难，带来漆黑的夜晚：人们迈着摇摇晃晃的步伐，眼球上翻，在街道上用双手爬行；可怕的硬物哽住喉咙和气管狭窄的通道；四肢变得冰冷；动脉在粗壮的肢体里收缩；不久后受害者像昏厥一般停止呼吸，他的精神抵达冥府。

学者们认为，尼坎德尔描述的应该是另一种植物：附子或者毒芹。最终，英国医生约翰·哈利食用了少量芹叶钩吻，以自己的身体做实验得出了确切的证据，并在 1869 年报道了他与众不同的发现。

他说：“这是一种特殊的机动能力障碍”，“我觉得，可以这么说，我失去了行动的能力。”他继续说道：“感觉腿软弱无力到已经无法支撑我的身体，意识却仍然十分清晰和平静，大脑的活动贯穿始终，但是身体变得很沉重，像要深深地睡去一样。”

芹叶钩吻是一种有毒的胡萝卜家族植物，在苏格兰被称为“致死的燕麦片”。春季长出幼苗，它们纤细的叶片和尖直的根很容易让人误认为是香菜或胡萝卜。在一个季节里它们可以长到 8 英尺（2.4 米）高，开出类似于安妮女王蕾丝花边的精致花朵。它的茎是中空的，并且点缀有被称作“苏格拉底血液”的紫色斑点。如果你不确定是否是芹叶钩吻的话，揉碎叶子闻一下它的气味，“防风草或老鼠”的味道，足以慑阻大多数动物。

亲属同盟：芹叶钩吻是伞形科中的“坏小子”，该科还包括莳萝、芹菜、茴香、欧芹和茴芹，如果大量食用，都是有毒的。

千屈菜

PURPLE LOOSETRIFE

拉丁名 *Lythrum salicaria*

科名 千屈菜科 Lythraceae

生境 温带草原和湿地

原产地 欧洲

别名 紫色珍珠、彩虹草、尖珍珠菜

达尔文迷恋千屈菜。1862 年他写信给他的朋友、美国著名的植物学家——亚撒·格瑞（Asa Gray），希望格瑞能给他一些标本，他在信中说："看在天堂之爱的份上，让我看一眼你的标本吧，如果你能给我种子，对，种子！种子！种子！我本该更喜欢李果藤，但是，千屈草啊！"他在信上署名"你完全疯了的朋友，达尔文"。

达尔文不是唯一一个为千屈菜疯狂的人。欧洲殖民者为美洲大陆带来了这种草甸植物，它们很快在那里生根发芽。园丁和自然学家们对这种高大、充满活力的野花及其紫色花朵的华丽尖顶有着真挚的热爱。在 20 世纪大部分时间里，园艺学家们积极推荐在花园中较艰苦的地方种植它们，比如阴凉、土壤贫瘠或排水不良的地方。直到 1982 年园艺作家认识到它们疯长的倾向，但仍然称它们为"帅气的捣蛋鬼"，仿佛暗示它们天性如此，园丁们应该热爱这种植物的侵略天性。

他们是多么的愚不可及。千屈菜无疑是美国最具侵略性的植物之一。它遍布美国 47 个州和加拿大的大部分地区，更延伸至新西兰、澳大利亚，横穿亚洲大陆。这种植物很容易就长到 10 英尺（3 米）高、5 英尺（1.5 米）宽，从一条多年生强壮的主根上可以长出近 50 条次根。即使根茎不够强健有力，一棵植株样本在一季里也可以产生超过 250 万颗的种子。这些种子在发芽之前可以存活 20 年之久。

千屈菜阻塞池塘和水道，侵占并侵蚀栖息地，消除食物来源，使其他植物窒息而亡。据估计，仅在美国，就有大约 1600 万亩土地已被千屈菜侵占，而每年大约需要 4500 万美元清除它们。这种植物已被列为有害杂草，许多国家都禁止了其运输和出售。尽管有些无侵害性和不育的千屈菜品种出售，但本地植物专家仍然建议对千屈菜的任何品种都进行明确的标注。

千屈菜原产于欧洲，但并未在那里产生相同的灾害，这一现象为在美国境内对其的控制提供了线索。化学防治、物理防治和其他控制方式都没有取得明显的成功，但研究者们试图从欧洲引进以这种植物为食的虫子。现在，象鼻虫和食叶甲虫已经成为一种有效的生物控制。迄今为止，还没有发现这些虫子吃其他原生植物，但引进外来物种控制另一个物种总有其一定的风险。

亲属同盟：紫薇（Crape myrtles）和萼距花（cuphea），是一类具有类似倒挂金钟的花灌木。

大规模杀伤性杂草

WEEDS OF MASS DESTRUCTION

一些植物有自己的管控方式。它们不外乎通过扼杀性竞争游戏、抢夺食物甚至向地面释放毒素混合物来争夺地盘。这些植物不仅具有入侵性，对人也有伤害性。

软水草

Hydrilla verticillata

20 世纪 60 年代，淡水水生植物从亚洲迁移到佛罗里达，并迅速在湖泊和河流内定植，它们扎下牢固的根，以每天一英寸的速度生长，直至抵达水面。个别植物足有 25 英尺长。因为软水草喜阳，一旦生长到水面，它们就会形成一种厚厚的植被垫，这可使水生生物窒息，甚至造成航行困难。软水草附近的水流循环停滞助长了蚊子的繁殖。这种植物生长在美国的温带淡水地区，由于即使在很小的区域它的再生能力都极强，因此，它的彻底消除是几乎不可能的。一位科学家将它比作疱疹，他说："你一旦沾上它，就得沾上一辈子。"

菟丝子

Cuscuta spp.

在被美国农业部列入有害杂草的植物里菟丝子品种最多。这种植物寄生虫仿佛吸收了地球以外植被的生命，有着外星生命形式，这种判断与实际情况相差无几。那长长的、看似无叶的茎呈现出不俗的橙、粉、红、黄色（事实上，菟丝子也有类似叶子的东西，只不过它们非常微小以至于肉眼无法看到）。菟丝子光合作用的能力不强，因此它需要从其他植物那里获取营养。实际上，在种子发芽后，嫩芽必须在一个星期之内找到寄主植物，否则它们就会死掉。秧苗向着寄主植物的方向生长。实验室测试证明，即使附近没有可以依附的植物，菟丝子依旧朝着寄主植物气味的方向生长，这表明它实际上有一种类似动物的嗅觉。

一旦菟丝子发现一棵寄主植物，它就会包围寄主植物，以微小的真菌结构侵入其体内，吸收寄主植物的营养物质。一棵菟丝子可以侵入数株植物，一次性吸取营养并将它们杀死。遭到菟丝子扼杀的那片领域看起来就像是被喷雾彩带喷过一样。

香附子（莎草）

Cyperus rotundus

许多专家认为，这是非常恶性的陆地杂草。它遍布在世界上的温带气候区，传播速度快，排挤原生植物，入侵农田。翻耕土地只会破坏其地下的块茎,但每一个块茎都会生长出更多的植物。然而香附子更为恶毒的特质是，它可以向土壤里释放植物相克物质，从而扼杀竞争对手。园丁们如果放任香附子的生长，它不仅会接管整个花园，而且会毒杀其他植物。

巨 槐

Salvina molesta

这种自由浮动的水生蕨类植物每两天可以增加繁殖一倍，在水面下形成厚度达三英尺的密集垫。它是横行方圆九十六平方英里范围内最大的最触目惊心的祸害之一。巨槐发源于美国南部的淡水湖泊、湿地及河流地区。它的生长依赖于营养丰富的水源，因此，在富含化肥径流和污水处理厂废水的水源附近，它的生长格外旺盛。

无花果

Ficus aurea

它因为具有喜欢缠绕在另一棵树上并最终将其扼杀的不良习性而闻名。它的种子，可以借助鸟的力量在其他树的树冠上发芽生长；然后它的强大的木质根缠绕寄主树干并且直达地面。有时它可以完全包围整个树干，树木已死而中空的部分仍然存在，这时就留下了一棵巨大的吸管状无花果树。

尽管无花果决绝的扼杀能力让人毛骨悚然，但它们通常并不被认为是入侵植物，而是被视为一种在生态系统中拥有其独特生态位的有趣的植物。

鼠毒草

RATBANE

拉丁名 *Dichapetalum cymosum* 或 *D.toxicarium*

科名 毒鼠子科 Dichapetalaceae

生境 热带和亚热带地区

原产地 非洲

别名 毒叶子、毒鼠草

有好几种植物都可产生致命的毒药——氟醋酸钠，但是最著名的要数生长在西非的鼠毒草（*Dichapetalum cymosum* 或 *D.toxicarium*）。由于植物地理隔离，这些树并未表现出致命的一面，直到 20 世纪 40 年代，科学家才发现它们可以用于提取毒药和创造一种强有力的控制鼠害的化学药品，此药品还可以像土狼一样威胁动物的生命。

这种毒药无色无味，一分钟之内就可杀死一只哺乳动物。中毒几小时内便可死亡，通常伴随呕吐、抽搐、心律不齐和呼吸窘迫。即使有幸存者，他们的某些重要器官也将会受到永久性的损伤。这种毒药会残留在动物身体里；如果中毒的动物被另一个动物吃掉的话，那么处于食物链下端的生物都将深受其害。也正是这个原因，鼠毒草有时被称为“连环杀手”。

氟醋酸钠也称“复合 1080”，一直被间断性地使用，直到 1972 年美国环境保护署（EPA）禁止使用它和氰化钠以及番木鳖碱。然而该机构后来又允许美国农业部继续使用这种毒药用于保护牲畜。将 15 毫升的 1080 置于牲畜的项圈中，然后把项圈挂在羊和牛的喉咙部位。当狼咬牲畜的颈部的时候，它会吸食足以致命剂量的 1080。

使用化学药品来管理“掠夺者”的做法是有争议的。有些自然资源保护人士认为，牲畜脖子系这样一个剧毒的项圈不经意就会导致鱼、鸟和供水中毒。在新西兰，通过空中喷洒 1080 以杀死大量入侵的大鼠和负鼠，但这一举措已遭到激进分子的强烈抗议，他们坚决反对使用这种滥杀无辜的杀手毒药。

2004 年一个神秘的连环杀手在圣保罗动物园杀死了几十种动物，这种毒药因此引起了更多的关注。在动物的食物和水里并没有发现毒药的影子，这说明杀手非常富有经验，而且有很好的机会接触这些动物。骆驼、豪猪、黑猩猩和大象都死了，致使动物园的工作人员不得不立即实施安全措施。尽管这种毒药在巴西是禁止使用的，但杀手们仍旧设法走私到它制造可怕的破坏。

2006 年，一份鲜为人知的伊拉克问题研究小组的报告中显示，联军发现了一个含有“复合 1080”的化学储备库，而 1080 是由亚拉巴马州牛津大学的一家公司制造的。不知萨达姆·侯赛因是如何获得这种化学试剂的呢？而他又打算用它来做什么呢？来自俄勒冈州的民主党代表彼得（Peter DeFazio）虽不能确定，但他认为这种物质用于化学武器比用于保护牲畜的危害更大。据新闻报道，美国环保署告诉彼得只有得到美国国土安全部的推荐，他们才能颁布禁令，但国土安全部却告诉他，他们不能推荐关于任何特定化学物质的禁令。彼得提出了一个取缔使用氟醋酸钠的法案，但没有通过委员会的审批。

亲缘同盟：通常鼠毒草也涉及非洲和南美洲的一些开花树木和灌木，其中包括同科的 *Tapura* 和 *Stephanopodium*。

相思豆

ROSARY PEA

拉丁名　*Abrus precatorius*

科名　豆科 Fabaceae

生境　旱地、低海拔、热带气候

原产地　非洲和亚洲的热带、亚热带地区

别名　相思子（Jequirity bean）、可怕的螃蟹眼睛、印第安甘草糖（Indian licorice）、气象草（weather plant）、孔雀豆

1908 年《华盛顿邮报》曾报道说，在未来的日子里，一种常见的热带植物在天气预报中可能会扮演重要角色。这种植物就是相思豆（*Abrus precatorius*），而维也纳弗里德兰的一位男爵约瑟夫·诺瓦克教授则是它不知疲倦的推崇者。诺瓦克男爵计划在世界各地建立植物气象站，并在那里培育这种神秘的热带藤蔓以为天气预报服务。如果它的羽状叶尖朝上，则证明晴朗一天的到来；如果它们朝下的话，说明雷雨快要来了。

当然，诺瓦克男爵一直没有机会证明他的判断，也没有建立他的气象站，但是他确实引起了公众对这一世界上最危险的种子的注意。

相思豆的藤蔓蜿蜒匍匐整个热带丛林，紧紧缠绕着大树和灌木。大一点的植株由于有坚硬的木质茎支持，能够攀岩达 10—15 英尺高。浅紫色的花一簇簇地盛开在枝条上，花谢后就结出豆荚，里面包裹着光亮而有毒的珠宝样的豆子。

每粒光滑的种子都呈鲜亮的红色，在种脐部位有黑色的小点

（种脐是种子离开豆荚后留下的疤痕）。它们的大小和颜色似瓢虫，这使它们备受首饰制作者的青睐。

尽管它们如此的漂亮，也掩盖不了它们有毒的事实，哪怕只吃一粒也会让人毙命。其实，在这种坚硬的种子上钻洞，再用绳子串起来，对首饰制作者来讲真的是一件危险的事情：用手指捏着针钻豆子时，如果有一点粉末沾到手上都是致命的，而将粉尘吸到身体里也同样危险。

相思豆中致毒的是相思豆毒素，它和蓖麻子里的蓖麻毒素类似。相思豆毒素可以吸附到细胞膜上，阻止细胞产生蛋白质，这样就导致细胞死亡。如果中毒，可能要几个小时甚至几天后症状才出现；然而一旦出现，不幸的受害者将被恶心、呕吐、腹部绞痛、视觉障碍、痉挛和肝部损伤所困扰，几天后即会死亡。不幸的是，这些漂亮的种子特别容易吸引小孩。就像一名印度医生警告的那样，相思豆将会“亲吻孩子致死”。

亲属同盟：据报道，美丽相思子（*Abrus melanospermus*）和毛相思子（*A. mollis*）有一些药用价值，尤其对皮外伤和咬伤，但对其毒性并没有充分的了解。

可怕的漆树属植物

THE TERRIBLE TOXICODENDRONS

毒常春藤、毒橡树和毒漆树几乎遍布美国的每一个州。但是大多数人没有意识到什么才是漆树属植物真正的危害。

毒常春藤

Toxicodendron radicans

毒橡树

Toxicodendron diversilobum, others

毒漆树

Toxicodendron vernix

专业地说，毒常春藤其实不是常春藤。毒橡树不是橡树。毒漆树也和漆树无关。顺便提一下，它们中没有一个是有毒的。

它们产生的有刺激性气味的油——漆酚一点毒也没有，但引起大多数人高度过敏的的确是漆酚。奇怪的是，只有人类会遭受漆酚的困扰。没有人知道为什么这些植物独特的硫酸盐只侵害人类。因为硫酸盐会引起一种过敏——只不过是一种免疫系统紊乱，从而抵抗一些无害的物质，就像堂·吉诃德攻击风车一样——而且每次发作都比上一次糟糕。免疫反应越强烈，过敏反应越严重。

大约 15% – 25% 的人对漆树属植物一点也不会过敏，而且永远都不会有不良反应。另一小部分人只有在长期、亲密地接触此类植物后才会长红疹。但不幸的是，大约一半的人碰到这些植物后都会产生反应，有些人过敏特别严重甚至必须住院治疗。植物学家和医生称之为“极度敏感”（exquisitely sensitive）。

那些对毒常春藤、毒橡树或毒漆树过敏的人，将会长出令人难以忍受的皮疹。这种油能潜伏在睡袋里、衣服上和可爱的小狗毛上，可能在你产生过敏前根本意识不到它的存在。接触的人几天后就会产生皮疹。一旦过敏，这种反应就会持续二到三周。用燕麦洗澡可以缓解症状，严重时就需要打一针类固醇，但是大多数患者却放任它的爆发。幸运的是，这种反应是不会传染的。那些褥疮可能迫使你不得不睡在柔软的沙发上，但它是不会传染给其他家庭成员的。

即使是最常见的毒常春藤和毒橡树也是很难辨别的。露营者可以使用一个简单技巧来识别植物含有的漆酚：小心地用一张白纸包裹植物的茎或叶子，注意小心轻压，千万别接触到植物。如果植物含有漆酚，白纸上就会迅速出现一个棕色的小点，几小时后就会变黑。

如果你对毒常春藤、毒橡树和毒漆树过敏的话，那么你很可能对它们的亲缘植物也会过敏，包括如下几种植物：

腰果树

Anacardium occidentale

腰果仅仅当它们被蒸熟时，才是安全可食用的。在树上的油料，包括悬挂坚果的水果（称为腰果“苹果”），可以引起像毒橡树中毒样的过敏反应。

芒果树

Mangifera indica

芒果树除了里面的种子，均能产生芒果精油。如果某个人对毒常春藤过敏的话，那么他对芒果的外种皮和芒果树的其他部位也会过敏。

漆 树

Toxicodendron vernicifluum

作为生产涂料和清漆的原材料，漆树已经使用几个世纪了，但是与之一起工作真的是一件十分困难的事，那对工人也确实有害。连古墓里的漆器都曾引发皮疹。

西米棕榈

SAGO PALM

拉丁名 *Cycas* spp.

科名 苏铁科 Cycadeceae

生境 热带地区和一些沙漠环境

原产地 东南亚、太平洋岛屿和澳大利亚

别名 假西米（false sage）、苏铁（cycad）、凤尾蕉（fern palm）

从佛罗里达到加利福尼亚的园丁都熟知西米棕榈。它是一种生长缓慢且非常牢固的树，并作为一种特色植物被广泛应用于园林景观。最常见的种是苏铁（*Cycas revoluta*），一种很受欢迎的室内盆栽植物，在植物园温室里经常发现它的踪影。但是，大多数人却不知道其实苏铁全身都有毒，它含有致癌物质和神经毒素，特别是叶片和种子的含量较高。哪怕宠物不经意地咬一下苏铁都会中毒，现在由于苏铁中毒的案例也在增多。

最著名的苏铁中毒事件发生在关岛。当地人用假西米棕榈即掌叶苏铁（*C. circinalis*）的种子做了一种面粉。传统的做法应该是先浸泡苏铁的种子以除去有毒物质，但“二战”期间食物非常短缺，这可能迫使人们来不及好好处理种子就拿去食用。关岛人把蝙蝠奉为美味佳肴，然而这种蝙蝠中也发现了相同的有毒物质。在战争期间食物短缺，加之分管枪支的军事部门就驻扎在那里，这更为频繁地捕杀和食用蝙蝠提供了方便。

现在，科学家认为是蝙蝠引起了神秘的有多种病变的 ALS

病——肌萎缩侧索硬化症（也称为卢·格里格病），这是战争结束后在岛上发生的一种疾病。ALS 特殊的症状包括共有的症状神经退化、像帕金森病一样的颤抖，还有一些跟老年痴呆症相似的症状。ALS 成为导致岛上成年人死亡的主要元凶，即使当时给这种病命名的医学专家也束手无策。英国的退伍军人和战争期间住在岛上的俘虏后来得帕金森病的概率异常的高。随着生活水平的提高，以及受西方饮食的影响，这类综合征都几乎没有了。

美国防止虐待动物协会已经明确指出，西米棕榈是宠物有可能碰到的毒性最大的植物之一。仅仅几粒种子就可能导致胃肠出问题、癫痫发作、永久的肝损伤和死亡。这种“棕榈”对狗特别有害，因为狗喜欢咬它的叶子，还会把叶子扑在身子底下。尽管西米棕榈的名字里有“棕榈”两个字，其实它并不是棕榈树。它是一种裸子植物，这意味着它结有和松柏类似的锥形球果。

亲属同盟：苏铁属是苏铁科唯一的一个属。一些非常少见的种类还受到收藏者的追捧。这些植物非常古老，有些化石显示它们最早出现在 6.5 亿年前。

伤害猫的各种植物

MORE THAN ONE WAY TO SKIN A CAT

有些动物可以很聪明地避开对它们有害的植物，但是你的宠物会是它们中的一员吗？一个宠物无聊或被关得时间久了可能会轻咬或玩弄一些常见植物。美国防止虐待动物协会的中毒控制中心每年可能要接到将近一万个关于宠物植物中毒的电话。除了西米棕榈，下面任何一种植物都可能引发那些宠物主人最熟知的症状，如呕吐和腹泻，许多还会致命。还有下列一些其他不良反应：

芦 荟

Aloe vera

尽管芦荟可以治疗烧伤和擦伤，但它体内的皂苷却能导致抽搐、麻痹，还会严重刺激口腔、咽喉和消化系统。

水仙和郁金香

Narcissus spp. and *Tulipa* spp.

水仙和郁金香含有多种毒素，会导致严重的流口水、抑郁、颤抖和心脏问题。它们种球的肥料都是用碎骨头制成的，对小狗的杀伤力特别大，因为小狗很可能会闻到骨头的气味，跑到刚种好水仙的地里，挖些种球啃，但当它们意识到中毒时已经太晚了。

黛粉叶

Dieffenbachia spp.

黛粉叶是常见的室内植物，也被称为花叶万年青。含有草酸钙，这种晶体能够灼伤口腔，导致流口水和舌头肿胀，还可能导致肾功能损害。

长寿花

Kalanchoe blossfeldiana

长寿花是一种室内开花植物，肉质多浆，花有亮红色、黄色或粉色的，就像盛开的室内植物。它含有一类被称为蟾蜍二烯羟酸内酯的化学物质，这种物质可导致心脏受损。

百合花类

Lilium spp.

对于小猫来说，百合花全株都有毒，它可以导致肾衰竭，中毒者在 24 — 48 小时内便可死亡。当你把复活节的盆栽百合移进室内之前，一定要慎重考虑一下；如果移入，最好在它的周围多摆放一些其他植物，以防止你可爱的小胡子朋友（猫）接触到它。

大 麻

大麻可抑制宠物的神经系统，引起痉挛和昏迷。如果你不得不带你昏死的宠物去兽医诊所的话，一定要坦率地陈述（你吸食大麻），宠物才会得到恰当的治疗。别担心：兽医已经习惯于听到"大麻属于我室友"的故事了。

玉珊瑚

Nandina domestica

玉珊瑚也叫南天竹，这种观赏性的灌木可以产生氰化物，引起痉挛、昏迷、呼吸衰竭以致死亡。

刺 树

STINGING TREE

拉丁名 *Dendrocnide moroides*

科 名 荨麻科 Urticaceae

生 境 热带雨林，特别是峡谷或山坡翱的受损区

原产地 澳大利亚

别 名 金皮金皮（gympie gympie）、夜袭者、钉子、刺桑

在澳大利亚，体形娇小的刺树被称为最令人恐惧的树。它高约 7 英尺，结出一簇簇诱人的像树莓一样的红色果子。全身布满了像桃子绒毛一样的硅毛，而且含有剧毒的神经毒素。哪怕轻轻地碰一下这种树，都会导致难以忍受的疼痛，这种疼痛还可能持续一年之久。在某些情况下，这种疼痛还会波及心脏，引发心脏病。

这种绒毛特别的小，所以很容易就穿过皮肤，而且几乎不可能把它拔出来。硅在血液里不易分解，毒素本身也出乎意料的强大和稳定。事实上，它甚至在长久干燥的植物标本中仍旧保持活性。即便是经历极冷或极热，抑或仅仅接触过皮肤，几个月后，它的致痛作用仍旧会被激活。甚至仅仅步行穿过有刺树的森林，也会构成一种威胁。这种树持续不断地飘散着它的绒毛，路人不得不冒着把它们吸入体内或忍受它们进入眼睛的危险。

一名士兵曾回忆他于 1941 年在训练时被这种树刺过。他刚好摔倒在刺树上，致使全身都布满了绒毛。结果他不得不躺在医院的床上痛苦地度过了三个星期。另一名警官受害更严重，以至

于他想通过自杀摆脱痛苦。人类不是唯一的受害者，19 世纪的报纸就曾报道过马受此害致死的事例。

无论谁在穿过大洋洲雨林时，我们都建议他保护好眼睛以防受到这类植物的伤害。它能轻易地穿透大多数防护服。一种常见的治疗措施是用脱毛蜡把这种植物的毛连同受害者的毛发一起拔掉。专家建议在接受这种治疗前先来点威士忌。

亲属同盟：刺树属于荨麻科，亲缘种有澳大利亚刺树（*Dendrocnide moroides*），这是致痛最厉害的一种。其他还有高火麻树（*D. excelsa*）、心叶火麻树（*D. cordifolia*）、半闭合火麻树（*D. subclausa*）和石楠叶火麻树（*D. photinophylla*）。

遭遇荨麻

MEET THE NETTLES

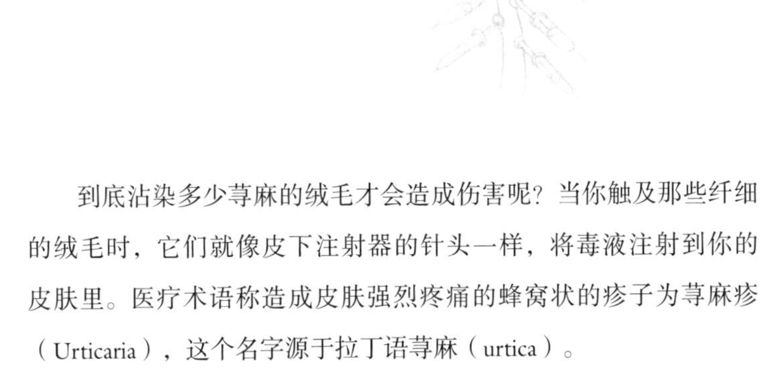

到底沾染多少荨麻的绒毛才会造成伤害呢？当你触及那些纤细的绒毛时，它们就像皮下注射器的针头一样，将毒液注射到你的皮肤里。医疗术语称造成皮肤强烈疼痛的蜂窝状的疹子为荨麻疹（Urticaria），这个名字源于拉丁语荨麻（urtica）。

虽然很多致痛的植物都统称为荨麻，其实真正的荨麻来源于荨麻科。它们大多是多年生杂草，靠地下根茎繁殖，遍及北美、欧洲、亚洲和非洲的部分地区。它的刺里含有多种化合物，包括肌肉毒素——酒石酸，和草酸一样，它存在于许多水果和蔬菜中，它可刺激胃部，引起不适。甲酸或蚁酸是蜜蜂和蚂蚁刺里所含成分，荨麻里也存在，只不过含量较低。

所幸的是有一个治疗荨麻刺的偏方：荨麻汁。没错，从压碎的叶子挤下的汁液是可以中和刺的酸度的。酸模也是一种杂草，它经常生长在荨麻附近，也可以缓和荨麻的刺痛，最幸运的是酸模的叶子没有尖锐有毒的刺。很少有证据证明这些急救措施的效力，但专家们认为寻找酸模的叶子会转移对疼痛的注意力。

关于荨麻也不全是坏消息：用水煮的方法去除荨麻的体毛后，它的嫩枝就是一道美味的佳肴，有些风湿病患者还故意让自己接触荨麻的刺，以减轻他们的关节疼痛。人们甚至还给这种故意沾惹荨麻的行为起了个有趣的名字叫“刺痒”（uritication）。

刺荨麻

Sting Nettle

Urtica dioica

刺荨麻是最著名的荨麻类植物，广泛分布于美国和欧洲北部有潮湿土壤的地方。多年生草本，夏季可以长到约 3 英尺高，冬季地上部分枯萎，只剩地下部分。

矮荨麻

Dwarf Nettle

Urtica urens

矮荨麻是一种生长缓慢的一年生草本植物，有些人认为它是美国最致痛的植物。它也被叫作小荨麻或火荨麻，生长在欧洲和北美的大多数地区。

树荨麻或翁加翁加

Tree nettle or Ongaonga

Urtica ferax

树荨麻是新西兰最致痛的植物。它能够导致红疹、水疱以及持续几天的刺痛。有报道说，狗和马全身都碰到这种树后就死亡了，也可能是全身过敏反应引起的过敏性休克。

荨麻树

Nettle tree

Urera baccifera

在美洲，从墨西哥到巴西都能发现荨麻树的影子。民族植物学曾报道说厄瓜多尔亚马孙流域的瓦人用荨麻树带刺的叶子惩罚犯错误的孩子。

艾麻属各种

Tree Nettle

Laportea spp.

艾麻属生长在亚洲和澳大利亚的热带和亚热带地区。和大多数荨麻不同的是，它导致的刺痛能持续数周或数月的时间，它还会导致呼吸困难。即使是闲置在那儿几十年的枯老的枝条仍旧很有杀伤力。

马钱子树

STRYCHNINE TREE

拉丁名 *Strychnos nux-vomica*

科名 马钱科 Loganiaceae

生境 热带和亚热带气候，特别是阳光充裕的地区

原产地 东南亚

别名 番木鳖（strychine）、马钱子（nux-vomica）、催吐果

托马斯·尼尔·克利医生是19世纪的一个连环杀手，青睐于马钱子碱，这是一种来源于50英尺（约15.24米）高的马钱子树种子的毒药。这些种子可以很有效地杀死一些啮齿类动物和其他家居害虫——马钱子碱因此被用作老鼠药——克利发现用它对付令人讨厌的妻子和情人也同样有效。

他第一次行凶是在加拿大，他在枪口的威胁下被迫娶了一位怀孕的妇女。婚礼后他就跑掉了，但之后又回到了加拿大。他回来后不久，跟他结婚的女士就神秘地死掉了。他在医学院有过一段外遇，最后也以那位年轻女士的死亡结束。

后来在芝加哥他又实施了一次谋杀。一名男子死于马钱子中毒，死者的妻子为克利提供了毒药，她为了使自己免于刑罚而出卖了克利。

但这一切并没有阻止克利。十年后，刑满出狱的他为伦敦不幸的年轻女性提供医疗服务，她们的死亡通常都被归咎于其他疾病，如酒精中毒。但是她们真正的死亡原因是克利在她们的酒里

放了马钱子粉。克利为他自己伟大的创举感到骄傲，四处吹嘘他的成就，终于导致了他再次被逮捕。42 岁的时候，他最终被判处以绞刑。

马钱子碱控制神经系统，一旦失控就会导致山洪暴发一样势不可挡的疼痛。由于无法阻止神经系统发射信号，导致全身的肌肉强烈痉挛，腰也直不起来，不能呼吸，最后受害人就会死于呼吸衰竭或纯粹的精力耗尽。通常中毒半小时之内就出现症状，经过生不如死的几小时后就会死亡。最后，死者的脸通常表现为僵硬、恐怖地咧着嘴。

传闻这是一种可逐渐适应的毒药，希腊国王米特里达特被认为已经慢慢地建立起一种抵抗一系列有毒物质的能力，其中就包括马钱子碱，以至于他在敌人的偷袭中存活。在他吃药前他总是在犯人身上做试验；根据这个传说，豪斯曼（A. E. Housman）写了如下诗句：

他们将马钱子注入他的杯盏
他们颤抖着注视他举杯喝干
他们心绪难安
脸色如白色衬衫
那本该是毒药发作的应验
——我只讲述我听闻的传说
米特里达特，他寿比南山

在《基度山恩仇录》中，大仲马提到了从马钱子树的种子中发现的另一种毒药——番木鳖，并且暗示说坚持服用微量就可慢慢忍受这种毒药，“一个月之后，你若是与其他人同饮一只玻璃杯中的毒药水，你可以将其他人毒死；而你自己，虽然也同时喝了这种水，但除了微微感到不适之外，绝不会对水中的毒素有什么觉察。”

亲属同盟：毒马钱子（*Strychnos toxifera*）的树皮可以用来熬制箭毒。在印度通过用澄果树（*S. potatorum*）杀死水中有害的细菌以净化水质。

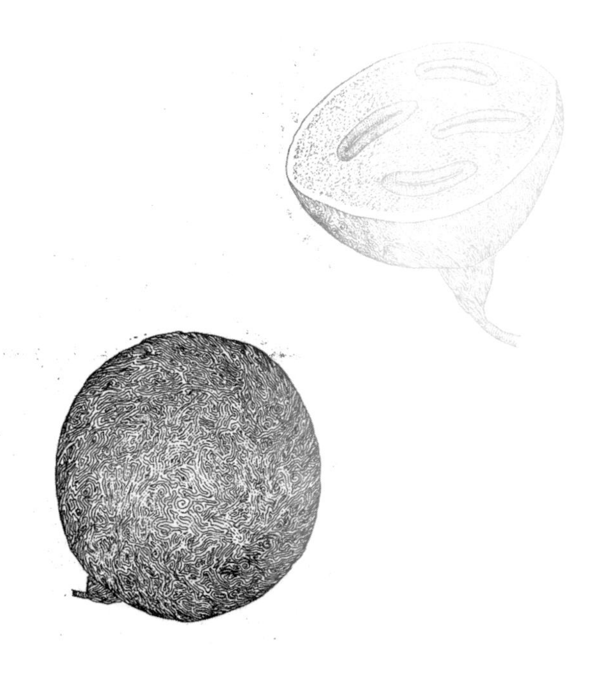

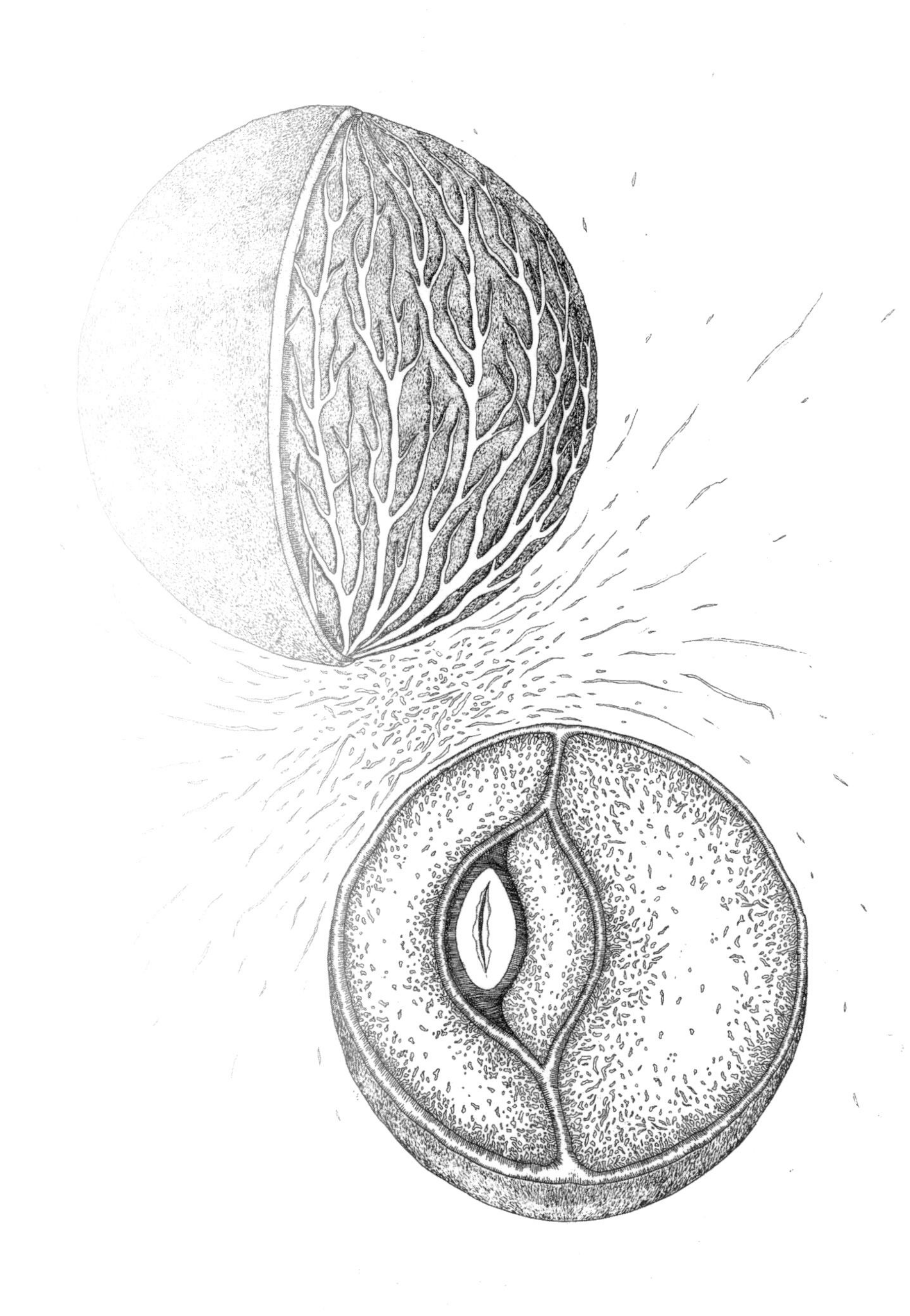

自杀树

SUICIDE TREE

拉丁名 *Cerbera odollam*

科名 夹竹桃科 Apocynaceae

生境 印度南部的红树沼泽和河堤地区，以及东南亚地区

原产地 印度

别名 奥瑟契苏木（othalanga maram）

位于印度西南海岸的喀拉拉邦[01]（kerala）潮湿的咸水洼水区居住着印度狮尾猕猴、马拉巴尔海岸大松鼠和一群小而强悍的塔尔羊。在这里，低洼的水沟里聚集了毒蛇、蟒蛇、鳗鲇，还有自杀树——海檬树（*Cerbera odollam*）。它有深绿色狭长的叶子，看起来和它的表兄妹——普通欧洲夹竹桃相似。繁星一样的白色花朵散发茉莉花般迷人的香气。肉质的绿色果实很像未成熟的小芒果，但是它们却隐藏着凶险的意外：它们种子的白色内核含有足够剂量的强心苷，可以让心脏在 3 — 6 个小时内停止跳动。

当地人并未放过这种强有力的自然资源的“优势”。喀拉拉邦的自杀率大约是印度平均数的 3 倍，每天大约有 100 个喀拉拉邦人试图自杀，其中 25 — 30 个会自杀成功。服毒是一种常见的自杀方法，40% 的沮丧者喜欢这种方式。女人特别喜欢把海檬果

---

01 喀拉拉邦与斯里兰卡隔海相望。这里四季如春，盛产咖啡、橡胶、槟榔等热带作物，其实“喀拉拉”本身就是“椰子之乡”的意思，大片的椰子林在这里是很常见的风景，也是主要经济来源。

和棕榈糖（从棕榈汁液中提取的粗糖）一起捣碎放到甜点里，作为她们的最后的晚餐。然而，当地一种很受欢迎的咖喱粉可以掩盖海檬果的苦味，所以经常也会被混入椰肉和米饭一起食用。

由于海檬果的中毒症状和心脏病发作相似，所以它的种子曾被用作谋杀利器。2004 年，法国和印度的科学家组成的鉴定小组利用液相色谱和质谱分析，证明那些死于不明状况的人，实际上是被死者相识的杀手利用海檬果施毒所致。

海檬果属的名字来源于刻耳柏洛斯（Cerberus），它是希腊神话中的地狱看门犬，是有着三个头、尾巴缠着毒蛇的恶犬。它守护着地狱的大门，将死者永远困守其中而阻止活着的人进入。但利用它作为杀人工具却为它赢得了现在的名字。

“据我所知，”负责法医数据分析的科学家说，“目前世界没有任何一种植物像海檬果一样与如此之多的自杀事件相关联。”

海檬果属和有毒的夹竹桃有亲缘关系。海芒果（*C. manghas*）的花像鸡蛋花。尽管海檬果属的所有树木和灌木既漂亮又有香气，它们仍旧会杀了你。甚至连燃烧它们的枝条所产生的烟都是危险的。

食虫草

CARNIVORES

食肉植物知道如何巧妙地从糟糕的环境中获得成功。它们中的许多都生活在几乎没有营养的沼泽和湿地，所以它们为自己开发了有创意的晚餐。

狸 藻

Bladder worts

Utricularia spp.

狸藻是一种非常小的植物，通常生长在潮湿的土壤或水中，当它的触发毛被触动时，就把微小的昆虫和水吸到它圆形的陷阱[01]中。狸藻的陷阱每三十分钟开启一次，看起来它还真是非常贪婪的植物哦。有些狸藻类植物体形比较大，足够吞下一整只蚊子的幼虫和蝌蚪。

捕虫堇

Butter worts

Pinguicula spp.

捕虫堇娇小的身躯以及紫堇样美丽的花朵掩盖了它食肉的天性。叶子渗出黏液，吸引果蝇和蚊子走向死亡。叶子分泌消化酶分解昆虫的躯体，只留下空壳散落植株周围。

维纳斯捕蝇草

Venus Flytraps

Dionaea muscipula

也许维纳斯捕蝇草是我们最熟悉的食肉植物啦，它是极易养活的室内盆栽植物。它们张开的叶子就像一个个陷阱，分泌甜甜

01　即指狸藻的捕虫囊，构造十分有趣，在囊口有一个能够向内开启的活瓣，囊口边缘生长有几根刺毛，这些刺毛可随水漂动，旁边还有一些小管子，能分泌出甜液。狸藻就依靠这些捕虫囊来捕捉水中的小生物。

的汁液吸引昆虫到来。一旦苍蝇落入陷阱，捕蝇草弹簧似的叶子就会立马关闭。叶子里面的腺体就开始释放消化液，淹没必死的虫子。维纳斯捕蝇草可能要花一个多星期的时间消化它的猎物，因而一个叶片一生只能吃几只虫子。尽管人们可以将指头靠近捕蝇草的叶片而诱导它关闭陷阱，但食虫植物爱好者们却认为这是一种很无礼的行为。

捕虫草

Pitcher Plants

Nepenthes spp.

Sarracenia spp.

捕虫草是所有食肉植物里最华丽的一类，通常 1 英尺高，它的花具有绚丽而超凡脱俗的美。美国人可能会认识本土的瓶子草家族的植物，其中包括许多具有高大凹槽[01]且居住于沼泽地的植物，它们通常有鲜艳的红色和白色的花儿。瓶子草分泌的汁液引诱昆虫误入它的捕虫笼，最终被淹没在它腹部的消化液里。它们经常作为室内盆栽植物；还可以拿营养充足的瓶子草做标本，进行解剖观察，纵向切开喇叭状的叶片，就可看到“横尸遍野”的苍蝇。

猪笼草属（*Nepenthes* spp.）植物也被叫作捕虫草，但是它们的构造与瓶子草稍有不同。它们生长在婆罗洲的热带雨林，但是也遍布东南亚，有能够攀爬的藤本似的茎和杯状的花，挂在藤蔓

---

01 这是瓶子草的捕虫器官——捕虫笼，从根茎中长出由叶子衍化的瓶子似的器官，瓶口还有倒长的毛或蜡质光滑边缘，使陷入的虫子无法逃出。

上吸引猎物。有些能容纳 1 夸脱[01] 的消化液。猪笼草一般吃蚂蚁和其他小虫子，众所周知，它们偶尔也会沉浸在大餐中。2006 年，法国拉昂植物园的参观者抱怨温室里有难闻的气味。植物园工作人员为此展开了调查，结果在宝特猪笼草（*Nepenthes truncata*）的捕虫笼里发现已被消化了一部分的老鼠。

欧洲催生草

Birth worts

Aristolochia clematitis

欧洲催生草的藤蔓产生奇异的花朵，乍一看就像个烟斗；为此它们又有了荷兰烟斗花的昵称。希腊人看着花，又发现了别的东西：它就像正从产道爬出的婴儿。那时，植物经常被用于治疗与其体形相似的身体部位的疾病。因此催生草经常被用来帮助难产的孕妇，但这种藤蔓具有很强的毒性和致癌作用。因此，它杀死的妇女肯定会比它帮助的更多。

催生草利用它强大的气味和有黏性的花朵引诱苍蝇，但这只是制造足够长的时间困住苍蝇，用来保证苍蝇被花粉覆盖。黏性的刚毛干枯后苍蝇就自由了，这样沾着花粉的苍蝇就可以对其他植株授粉了。

1 夸脱等于 0.946 升。

烟 草

TOBACCO

拉丁名 *Nicotiana tabacum*

科 名 茄科 Solanaceae

生 境 温暖的热带、亚热带或温带地区

原产地 南美洲

别 名 秘鲁天仙子（莨菪子）

烟草的叶片具有很强的毒性，已经有九千万人因此而死亡。它是如此的有效，以至于仅仅通过皮肤接触就能致死；如此易使人上瘾，以至于点燃了对美洲原住民（印第安人）的战争；如此强有力，以至于推动了南美洲奴隶制度的建立；如此有利可图，以至于孵化了全球价值三千亿美元的产业。

这种投机取巧的植物含有能防虫的生物碱成分——尼古丁，从植物的角度来看，尼古丁有一种更有效的功能：它的致瘾性极强，促使了人类大面积的种植。如今，全球烟草种植面积占 980 万英亩，每年仍有 500 万人口被夺去生命，这使得它成为世界上最强大也是最致命的植物。世界上每天有 13 亿人用颤抖的手指夹着这种植物。

早在公元前 5000 年，美洲地区就开始了烟草类的种植，也有记录表明美洲印第安人早在两千年前就开始抽这种叶片，不过直到欧洲人抵达美洲并发现这种行为后，它才开始传播到世界各地。经过一个世纪，烟草就传播到印度、日本、非洲、中国、欧洲和中东。在弗吉尼亚，烟叶以及后来的“烟草票据”证实了这种作物曾被作为法定货币。由于需要更多的农场工人收获烟草从而带来可观的收入，美洲的奴隶贸易顺应而生。人们不仅抽烟，他们还相信烟叶可以治疗偏头疼，防治瘟疫，更为讽刺的说法是它能治疗咳嗽和癌症。

即使在早些年代，也并非所有人都是尼古丁的拥趸。1604年，国王詹姆斯一世称它为“令人憎恶的东西”，并说它“对脑部有害，对肺也非常危险”。在接下来的四百多年里，他的言论屡次被证明是正确的，但是烟草的利用率依然在增长。

尼古丁是一种强有力的神经毒素，可以用作杀虫剂。由于在香烟燃烧的过程中大部分尼古丁都被分解了，因此吞咽一片烟叶比抽一支烟的害处还要大，嚼咽一些烟叶或者饮用以烟叶制成的茶会很快导致胃痉挛、出汗或呼吸困难等症状，以及严重虚弱、癫痫甚至死亡。皮肤持续接触烟叶也是危险的，“绿色烟草病”是必须在夏季潮湿的烟草植物田地里走动的农场工人的一种职业病。

尼古丁并不是这个属植物唯一让人神魂颠倒的武器。粉蓝烟草（*N. glauca*）或烟树（tree tabacco）遍布加利福尼亚州和西南地区，可达25英尺高。烟树还含有另外一种有毒生物碱——新烟碱。摄入少量的叶片就会导致瘫痪或死亡。几年前，得克萨斯州一个男人死在田地里，直到通过质谱分析发现他的血液里含有烟草的有毒成分，才确定他的死因。

尽管如此有害，烟草仍继续着它的死亡之旅。每年大量的香烟被生产出来，足够向每个男人、女人和儿童手里奉送成千的烟支。其他的一些烟草制品还包括鼻烟、嚼用烟草和传统的槟榔嚼块，这种嚼块和另一种使人上瘾的植物——槟榔混制而成。在阿拉斯加本地的某些部落里，一个名为“朋克灰”（punk ash 或 *iqmik*）的产品很受欢迎，它是用混合的烟叶和一种长在桦树上的蘑菇燃烧后的灰制成的，部落成员们相信它比香烟更安全，甚至怀孕的妇女、儿童和长牙的婴儿都可以用，因为它是一种天然的产品。然而，这种产品的尼古丁含量更高，而且在蘑菇粉末的作用下尼古丁成分会直接到达大脑，因此一些公共健康官员称之为“吸用尼古丁”。

在印度，乳状的鼻烟很受妇女们的欢迎。它不仅含有烟草，还含有丁香、留兰香及其他美味的东西，被装在类似牙膏的管子里售卖。制造商声称早晚都可以涂抹它，“在任何你需要之时”，包括当你“绝望或沮丧的时候”。他们建议“在张开嘴之前先让它们徘徊一下”，一个很喜欢鼻烟的顾客称她每天要使用 8－10 次这种鼻烟。

亲缘同盟：这种罪恶的草是茄科的一个成员。与它亲缘关系相近、毒性更强的植物包括曼陀罗、颠茄和天仙子。

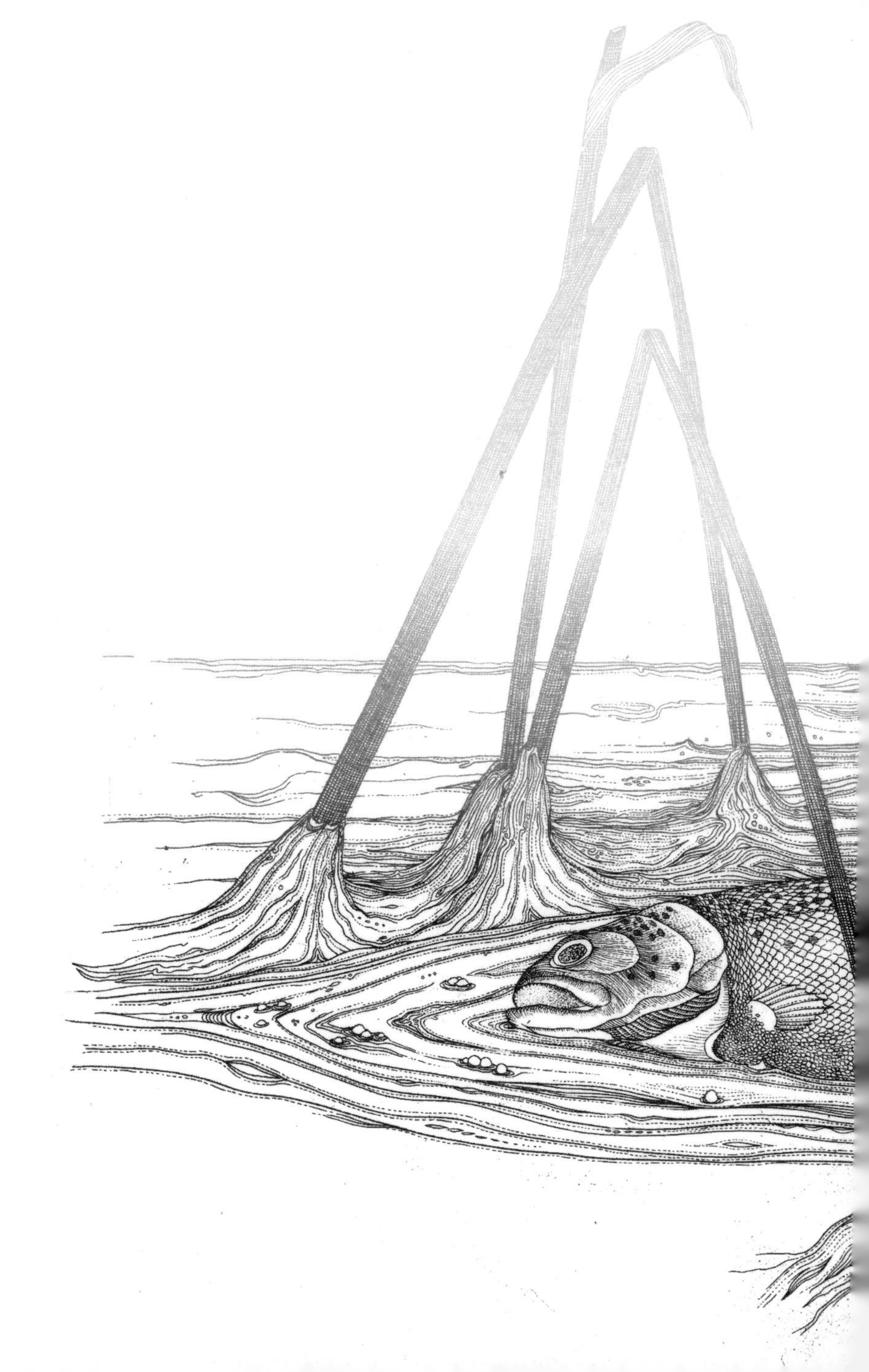

毒蓝绿藻

TOXIC BLUE-GREEN ALGAE

拉丁名 *Cyanobacteria*

界名 细菌界

生境 世界上的咸水和淡水区,包括海洋、河流、池塘、湖泊和溪流

原产地 任何地方；甚至被记录于35亿年前的化石里

别名 毒藻

严格地讲来，绿藻不是一种植物——在分类学上这种特殊形式的藻类实际上是一种细菌——但是这种遍布世界各地的绿色生物对人类和动物造成了严重的威胁。有些种类的蓝细菌，或者叫毒蓝绿藻，会瞬间繁殖或再生，并向水里释放一种毒素。一旦人喝了这种水或吃了被这种水污染的鱼就会导致癫痫、呕吐、发烧、麻痹等症状，甚至死亡。

科学家依然在研究一个问题：究竟是什么导致这种普通藻类迅速地繁殖并释放毒素呢？部分原因可能是化肥的流入，给藻类的生长提供了营养。此外温暖的气候和平静的水面也促进了蓝绿藻的生长，特别是在夏季温暖的气候条件下会产生更多的藻毒素。

在明显可以看到藻类的池塘、湖泊或河里游泳对人体是危险的。藻类会释放一种能导致肝功能衰竭的成分——藻毒素（hepatoxins），以及导致瘫痪的神经毒素，并伴随其他可能出现的过敏反应以及大面积器官受损等毒害。

藻类还释放一种罕见的有毒成分：软骨藻酸。它可能会导致

胃肠道疼痛、头晕或健忘症。人一旦吃了以这些藻类为食的贝类，很明显就会导致软骨藻酸中毒，中毒的症状又被称为“海鲜中毒记忆缺失症”或ASP。迄今为止没有ASP的有效治疗措施，医生们只能提供所有可能减轻这些症状的措施，希望能够帮助患者恢复。

1988年，巴西的一次绿藻爆发造成88人死亡以及上千人患病；2007年洛杉矶的一次绿藻爆发使海狮和海豹抽搐并被冲上海岸，海洋生物学家都不知所措；澳大利亚的几次绿藻爆发也使得很多人和牲畜患病。但是这其中最严重的事件直到现在仍悬疑未解，1961年，加利福尼亚圣克鲁兹的一些居民被鸟猛力撞上房屋的声音吵醒，匆忙拿着手电筒去外面看个究竟，只发现街道上一些死掉的鸟，就在这种不明就里的情况下，患病的海鸥受到光的吸引猛力地撞向他们。

这个故事吸引了阿尔弗雷德·希区柯克（Alfred Hitchcock）[01]的注意，他从现实生活发生的事件中获得灵感并开始着手制作这部电影，经过深思熟虑创造了一部由达芙妮·杜穆里埃（Daphne du Maurier）编剧的电影《群鸟》。花了将近四十年的时间科学家才明白，海鸥的奇怪行为可能是由于有毒绿藻爆发使得海鸥吃了中毒的凤尾鱼而导致的。

小贴士：世界上有数千种的藻类，大部分是对海洋生物和人类有益的，最有名的一种蓝藻细菌是螺旋藻（*Arthrospira platensis*），它是一种很受欢迎的保健食品。

[01] 原籍英国，生于伦敦，是一位闻名世界的电影导演，尤其擅长拍摄惊悚悬疑片。

躲避和掩护

DUCK AND COVER

任何在其他方面看似温文尔雅的植物，一旦被激怒，它们也可能以惊人的速度喷射出种子。如果你不幸惹怒哪一个的话，最好还是退后点。它们可能会击伤你的眼睛甚至更糟糕。

响盒子（沙盒树）

Sand box tree

Hura crepitans

沙盒树是一种热带树，常见于西印度群岛和美洲的中部及南部，高达一百英尺，有巨大的椭圆形叶子、鲜艳的红色花朵和锋利的刺。它的汁液具有强烈的腐蚀性，足以杀死鱼类或可成为一种箭毒。但是，最令人恐怖的还是它的果实，当它们成熟时，会发出巨大的响声。它有毒的种子可以上飞三百英尺，它也因此得到一个绰号叫“炸药树”。

荆豆

Gorse

Ulex europaeus

金雀花（也叫作荆豆）盛开在英国的沼泽地里，它黄色的花儿散发出很浓的香味，有点奶油或椰子的味道。金雀花原产于欧洲，随后被引入美国的部分地区。火焰对金雀花而言是受欢迎的，火燃烧枯枝，将导致种子的爆裂，并使它的根重新焕发活力。在一个炎热的日子，如果坐在金雀花的周遭则可能面临爆炸的危险：豆荚会在毫无预兆的情况下喷射出来，同时会伴随着像枪声一样的巨响。

喷瓜

Squirting Cucumber

Ecballium elaterium

喷瓜是一种极其不寻常的蔬菜。虽然它和黄瓜、南瓜以及其他葫芦类同属葫芦科，但是，你却很难将它添加到你的食物中：因为它的果汁会引起呕吐和腹泻；如果你的皮肤接触它，还会感到刺痛。这种仅有两英尺长的果实，是因在成熟时果实发生爆裂而闻名的，它们会喷射出像果汁一样的泥汤和黏液，可以把种子喷出差不多二十英尺远。

橡胶树

Rubber Tree

Hevea brasiliensis

橡胶树是生长在亚马孙河丛林的一种植物，由富有魄力的英国探险家带到欧洲。尽管最初并没有受到重用仅用于制造黏胶乳，但到了1800年，化学家很快发现它可以被用来擦掉铅笔线条、制作防水外套甚至制造轮胎——这要得益于一个名叫古德伊尔（Goodyear）的美国人的不断试验。在野外，橡胶树还有另外一种特技：它的果实在秋天成熟时伴随着巨大的破裂声，会把饱含氰化物的种子朝各个方向喷射出几码远。

北美金缕梅

Witch Hazel

Hamamelis virginiana

金缕梅是北美土著居民挚爱的一种植物，每到深秋就开出星形黄色花。树皮和树叶中能够提取用于治疗咬伤和擦伤的药。树枝常被用作探测棒以寻找地下水源或矿藏。在秋天，它橡子般的干燥种子的棕色外壳就会啪的一声打开，把种子喷到30英尺远的地方。

油杉寄生属

Dwarf Mistletoe

Arceuthobium spp.

油杉寄生和圣诞节流行的槲寄生具有亲缘关系，它是一种寄生植物，靠吸食松柏类为生，常见于北美和欧洲。它的果实的成熟期超过一年半，当它们成熟时，种子以每小时六十英里的神奇速度喷射而出，如此快的速度你甚至可能都看不到它们飞过。

水毒芹

WATER HEMLOCK

拉丁名 *Cicuta* spp.

科名 伞形科 Apiaceae

生境 温带气候，通常在河流和沼泽地附近

原产地 北美洲

别名 毒芹、毒牛草、野胡萝卜、蛇草（snakeweed）、毒防风（poison paisnip）、假芹菜、死亡草（death-of-man）、毒童草（children's bane）

在美国，普遍认为水毒芹是最危险的植物之一，它遍布全美国，生长在河道、沼泽及草地上，它有像小伞一样平展的簇状白花和蕾丝般的羽状叶片，虽然它看起来与芫荽、防风和胡萝卜相似，但它却是不可食用的。事实上，大多数水毒芹中毒者也都是因为误认为它是可食用的。更不幸的是，它吃起来还有点甜，这更会误导人们继续食用。

只要咬一两下，就可达到水毒芹素 (cicutoxin) 的致死剂量。毒芹素会破坏中枢神经系统，并迅速导致恶心、呕吐和抽搐。它的根是毒性最大的部分，只要咬一小口就可以要一个孩子的命。

20 世纪 90 年代初，有两兄弟在徒步旅行时发现这种植物，误以为这些植物是野生人参。其中一人吃了三口，结果几小时内就死了；另一人只吃了一口，就导致了抽搐和精神恍惚，不过后来经过抢救又恢复了正常。20 世纪 30 年代，许多儿童死于这种植物，他们用它中空的茎当哨子吹，而导致中毒。孩子们也可能错把它的根当作胡萝卜吃，吃几口就会全身抽搐。

20 世纪美国大约有一百例水毒芹意外死亡案例，不过，专家们则认为实际数量可能更多，因为受害者通常来不及告诉我们他们究竟吃了什么就死掉了。

水毒芹对宠物和牲畜也造成了威胁。因为这种植物的气味不像其他有毒植物一样难闻，所以动物们更愿意去吃它。如果成熟的水毒芹没有被拖拉机拔除的话，小动物们就会吃露在外面的根充饥。通常这种毒药的危害特别迅速，许多动物被发现时都奄奄一息了。水毒芹的一个根就足以杀死一头 1600 磅（约 726 千克）的牛。

这种草可以长到七尺高，茎上有紫色的腺点。它的肉质根可以产生大量的毒药，当它的根被切开时就会流出淡黄色的浓稠汁液。分布最为广泛的种类是芹叶钩吻（*Conium maculatum*）。

在美国西部和加拿大，水毒芹（*C. douglasii*）遍布草场和沼泽地。通常它的茎特别的粗壮，花也很大很结实，因此有时它们也被用作切花。这是一个非常危险的装饰创意——即使少量有毒的汁液滴在手上，它也会轻易进入人体血液的。

亲属同盟：杀死苏格拉底的芹叶钩吻（*Conium maculatum*）是它的亲缘植物之一；其他还包括欧芹、欧防风和莳萝（dill）。

水葫芦

WATER HYACINTH

拉丁名 *Eichhornia crassipes*

科名 雨久花科 Pontederiaceae

生境 热带、亚热带的河流与湖泊里

原产地 非洲

别名 漂浮的水葫芦、水风信子（jacinthe d'eau）、凤眼蓝

水葫芦对于南美土著是不难识别的。它在水里生长，大约三英尺高，开淡紫色美丽的花儿，在六片花瓣之一上还镶嵌黄色的小斑点。尽管它很漂亮，这种水生植物却犯了严重的罪行，如果有可能的话，真应该把它锁起来。

水葫芦生长茂密，就像垫子一样铺在水面上，就连商船都无法通过。它繁衍出奇的神速，两周就能翻一番。尽管水葫芦的天敌在一定程度上限制了它扩散到亚马孙以外的地方，但它仍旧在亚洲、大洋洲、美国和非洲其他地区疯狂地繁衍着。这种植物是如此可怕，它还赢得了世界上最糟糕水草的吉尼斯世界纪录。

它的可恶行为包括：

水葫芦会很快覆盖湖泊、池塘、河流，能够减缓水流，吸光所有的氧气使原有的植物窒息而死。

水葫芦是一种强大的入侵性植物，它可以关闭一个水力发电厂或大坝，致使数千户人家停电。

在非洲的部分地区，由于水葫芦的危害，渔民们

的捕获量已下降了一半。巴布亚新几内亚渔民已无法继续捕鱼，因为水葫芦阻断了他们去农场和市场的路。

窃取水源：在非洲的一些地方干净的饮用水确实供不应求，这都是因为贪婪的水葫芦破坏了水源。

窃取营养：尽管水葫芦有吸收污染物如重金属的能力，因此也受到了谨慎的赞美，但它贪婪的嗜好却使其他微小的浮游生物得不到足够的食物。它吞噬氮、磷以及其他植物的养分，不给别的生物留一点营养。

滋生可恶的虫子：水葫芦是蚊虫滋生的温床，这些蚊虫又传播着疟疾和西尼罗河的病毒。它还为水蜗牛提供食物和住所，反过来，水蜗牛又是寄生扁虫友好的寄主。这些虫子直至找到可以寄生的人类时才脱离蜗牛。这种被称为血吸虫病或蜗牛热的病在发展中国家广泛流行。这种小虫子在人体内自由穿梭，它在人的大脑、脊柱周围以及任何看起来诱人的器官产卵。全世界有超过一百万的人被感染。

遮掩水怪：一份报告指控水葫芦为蛇和鳄鱼提供方便的隐匿场所，毫无疑问这为怪物袭击毫无戒备的游泳者和游客提供了不对等的优势。科学家们正在研究引进一种以这种邪恶杂草为食的昆虫的可能性，但是他们担心这种做法可能只是引入另一个环境破坏者。请继续关注——但一定要远离水葫芦。

小贴士：水葫芦有七个种，大部分具有入侵性。

不合时宜的植物

SOCIAL MISFITS

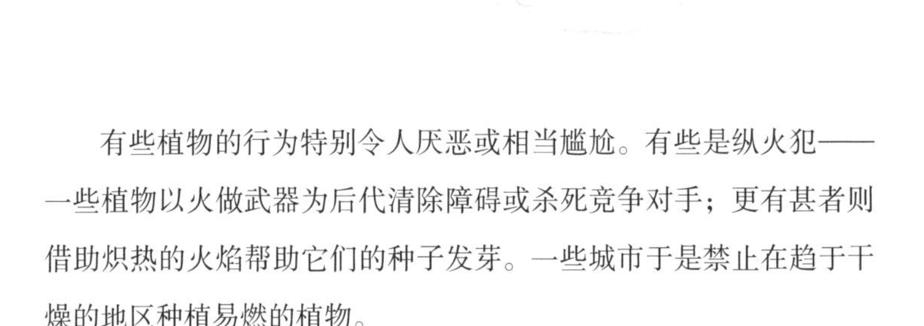

有些植物的行为特别令人厌恶或相当尴尬。有些是纵火犯——一些植物以火做武器为后代清除障碍或杀死竞争对手；更有甚者则借助炽热的火焰帮助它们的种子发芽。一些城市于是禁止在趋于干燥的地区种植易燃的植物。

其他令人讨厌的行为还有：发出臭味、让人流口水甚至流血。下次不要邀请这些举止不得体的植物出现在你的花园派对上哦。

纵火犯

煤气厂或火丛

Gas Plant or Burning Bush

Dictamnus albus

火丛是一种生长在欧洲和非洲部分地区的多年生开花植物。

炎热夏天的夜晚，这种植物产生大量的挥发性精油，足以点燃周遭的某根火柴从而引发火灾。

桉 树

Eucalyptus Trees

Eucalyptus spp.

桉树原产澳大利亚，但在加利福尼亚已得到驯化；桉树产生的高度挥发性的精油加速了奥克兰市大火的蔓延，已经导致25人丧生和数以千计的房屋被毁。

蒲 苇

Pampas Grass

Cortaderia selloana

蒲苇原产南美洲，现在却成为美国西部一种十分令人厌恶的外来入侵植物。每一丛蒲苇可达十余英尺高，并生成大量干燥、易碎的植物量，足以加速和引导森林大火的势头。

手杖木

Chamise

Adenostoma fasciculatum

手杖木是常绿阔叶灌木，产生一种易燃的树脂；烈火能恢复它的生命力，手杖木甚至是焦黑土地上最早复苏的植物之一。

恶臭的植物

尸花或巨魔芋

Corpse Flower or Titan Arum

Amorphophallus titanium

巨魔芋就像一个巨大的酒红色马蹄莲。它通常是几年都不开花，一旦开花，就伸出一个高达10英尺的花序，重约100多磅。植物园的尸花盛开时，游客们争相排队参观，但他们常被警告进入温室要小心这个臭家伙，因为它散发的臭味实在令人难以抵挡。

大王花

Rafflesia

Rafflesia arnoldii

大王花是世界上最大的单花植物，花冠超过40英寸。（巨大的尸花实际上是一组花序，而非单花，所以这方面它就出局了。）[1] 这种矮胖、有斑点的橙色寄生植物其实是一种只有植物学家才会喜欢的花。大王花的花期只持续几天，开花便伴随腐败味散发，以此来吸引生活在印尼丛林里吃动物尸体的苍蝇[2]。

白翅银华

White Plumed Grevillea

Grevillea leucopteris

白翅银华是一种澳大利亚植物，隶属山龙眼科，有漂亮的黄

---

[1] 尸花是花序最大，大王花是花朵最大。

[2] 苍蝇能为大王花传粉。

白色的花序。不幸的是，大多数人不会靠近它，因它有臭味，闻到它就令人想起臭袜子的味道。

红籽鸢尾

Stinking Iris

Iris foetidissima

红籽鸢尾是一种可爱的英国丛林鸢尾，它紫色和白色的花散发烤牛肉的香味。一些园丁则认为这种味道更像燃烧的橡胶、大蒜或变坏的生肉。

臭嚏根草

Stinking Hellebore

Helleborus foetidus

因其石灰绿色的花和引人注目的深色叶子而流行于英国。当叶片被碾碎后，就会发出一种气味，这种气味通常被描述为“猫腥”“臭蛋味”或仅仅是“腐蚀性和令人不悦的”。

臭菘

Stunk Cabbage

Symplocarpus foetidus

臭菘生长在北美东部和亚洲部分地区的湿地。因其能释放热量而闻名遐迩。冬天，臭菘可以从冰冻的大地破茧而出，融化周围的积雪，尽情地开放，赶在春天的花儿盛开之前吸引传粉者的目光。破碎的臭菘叶子迸发出令人不愉快的气味，这种气味类似于臭鼬喷射的臭雾。

伏都百合

Voodoo Lily

Dracunculus vu1garis

尽管伏都百合有烂肉味，但仍深受园丁们的喜爱。花儿每年春天盛开，就像紫黑的马蹄莲。它能长到 3 英尺高，这使得它在花园里极为光彩夺目。幸运的是，这种花在它盛开的季节只有几天是散发臭味的。

直立延龄草

Stinking Benjamin

Trillium erectum

这种可爱的红色或紫色延龄草茂盛地生长在北美东部潮湿的丛林地带。它散发的气味比较温和，植物学家用“麝香”或“湿狗”来描述它的气味。

仅仅令人厌恶的植物

翼叶毛果芸香

Slobber Weed

Pilocarpus pennatifolius

其实，你有可能成为下一个因翼叶毛果芸香而流口水的人。1898 年的《国王的美国药典》报道了这种植物对唾液腺强大的作用，报道说：“唾液分泌的增加已经阻碍了演讲正常进行，受害人不得不摆出倾斜的姿势，以防唾液流出。结果他们不得不因此而吞下 1 — 2 品脱[01] 甚或更多的唾液。”

无论如何都不要在聚会上上演这个伎俩哦！因为流口水的同时还会伴随恶心、眩晕以及其他不适症状。其他让人流口水的植物如槟榔，它会让人流鲜红的唾液，还有毒扁豆和铅笔树，这两种植物会让人不愉快，有时还有致命的副作用。

秘鲁巴豆

Sangre de Drago

Croton lechleri

秘鲁巴豆是大戟科（Euphoribiaceae）的一种灌木，它能产生浓稠的红色液体。这种“血”一般的液体被亚马孙一些部落用于止血和医疗其他疾病。

紫檀树

Pterocarpus Tree

Pterocarpus erinaceus

紫檀树分泌的深红色树脂可作为一种染料。它的木头可被用来制造上好的木制品，它的叶子是喂牛的上好饲料，它还有一些药用价值。

---

01 1 美制湿量品脱 = 473.176473 毫升。

麒麟竭树

Draco

Daemonorops draco

生长在东南亚。人们常常收集它分泌的红褐色树脂，做成固体小饼在市场上销售，也就是常说的“红石鸦片”。20世纪90年代末，美国的毒品控制中心和执法机构开始在街上调查这种东西。然而，实验室测试证实它没有引起幻觉的特点，也就意味着其中并不含有鸦片。

合欢荆棘树

WHISTLING THORN ACACIA

拉丁名 *Acacia drepanolobium*

科名 蝶形花科 Leguminosae 或豆科 Fabaceae

生境 干热带，肯尼亚

原产地 非洲

别名 口哨荆棘

合欢荆棘树是世界上发现的数百种金合欢属植物里最邪恶的成员之一，这种东非低矮灌木能够引起疼痛，3 英寸长的尖刺可以阻止吃嫩叶的动物远离它羽状的叶片。它也是入侵性刺人蚁的寄主。

四种不同的蚂蚁居住于这种树上，尽管它们占据同一棵树，但是它们并未因此发生争斗。它们在荆棘树上钻洞从而进入树干膨大的基部。这种小洞在风中会发出奇怪的哨声。

这些蚂蚁不仅凶猛，它们还是有组织的。小的工兵们在枝头巡逻，寻找食肉动物。它们会云集到长颈鹿或其他植食动物的身上来阻止动物们毁坏它们的家园。其他的蚂蚁会有选择地修剪大树，让新长的枝条靠近它们的领地，这样它们就可以享受大树的甘露了。蚂蚁们也会咬断缠绕的藤蔓和其他入侵植物使其回到树桩下。如果竞争者领地的树枝和自己领地的树靠得太近的话，蚂蚁们将会咬断自己一侧的树枝，防止与对方接触，同时另外搭建一座桥梁通往敌人领地。

一旦部落间发生战争，它们就会战斗到死。研究人员曾将邻近的树的枝条捆在一起从而挑起战争，第二天早上发现地上堆积了半英寸厚的蚂蚁尸体。

小贴士：一些物种包括针叶相思树（*Acacia verticillata*），都分泌一种化学物质，诱导蚂蚁产生掩埋或移尸行为。这些倔强的家伙携带相思树的种子，就好像种子是它们死去的同类，这些种子因此得到了传播，后代得以繁衍。许多树也有刺，猫爪相思树（*A. greggii*）有时被称为“等一等灌木”，因为它的刺会抓住徒步旅行者并且拒绝放手。

猜猜谁会造访宴会

GUESS WHO'S COMING TO DINNER

除了用毒素和刺来武装自己，有些植物还会利用昆虫的帮助。有些看似无害的植物其实是有刺蚂蚁、黄蜂以及其他一些生物的宿主。作为它们服务的回报，植物为它们提供食物和庇护所。

山谷橡树

Valley Oak

Quercus lobata

许多橡树都是各种类黄蜂的宿主。然而在所有橡树中，当属加利福尼亚的山谷橡树最广为人知，也最为热情好客。这个过程从黄蜂在橡树叶上产卵开始。植物细胞开始以一种极不寻常的速度飞快繁殖，形成一种叫作虫瘿的保护茧。最后，这些卵都孵化成幼虫。而可以长成棒球大小的虫瘿，转而成为这些幼虫的家，并为幼虫们提供食物。幼虫们慢慢长成成熟的黄蜂。

有种黄蜂能使山谷橡树上的小虫瘿从树上落下。随着其中黄蜂破茧而出的努力，这些虫瘿会到处跳上一段时日。这也是其“跳跃的橡树虫瘿”这个名字的由来。

无花果

Figs

Ficus spp.

在植物王国里，无花果和黄蜂之间的关系是最为复杂的。从真正意义上来讲，无花果并不产果实，人们食用的肉质饱满又多汁的那部分，其实更像是肿胀的小块树茎，里面留着一点残花，一头微微敞开着。无花果黄蜂可以和蚂蚁一般大小，它们在这种像水果一样的“建筑物”里产卵。一旦受孕，怀孕的雌蜂就会飞到另一棵无花果里，慢慢蠕动着授花粉，并且产下自己的卵。通常使命完成后，它都会在无花果里死去。幼虫们则用力咀嚼着无花果长大。一旦长到足够大小，它们就会互相交配。雄虫在无花果上咬出一个小洞，雌虫得以逃离后，完成了生命唯一目的的雄虫就会死去。黄蜂们离开后，所谓的水果继续成长，最后成为鸟还有人类的食物来源。

无花果迷们也许会纳闷，一直以来，他们是不是一直都吃进了无数的黄蜂。事实上，许多种类较差的无花果根本无需授粉，还有一些被授了粉但并不“款留”黄蜂卵。

墨西哥跳豆

Mexian Jumping Beans

Sebastiana pavoniana

跳豆其实是墨西哥当地一种灌木的种子。一只小小的棕色的蛾子在它的种子内产卵[01]，卵慢慢长成幼虫，并咬出一条路来钻进心皮，最后幼虫在长大的过程中用自己产的丝来堵住洞口。数月之后，幼虫会形成一个蛹，直至长大后破茧而出。然而，成年后的它们其实只能活上短短几天。

蚁 寨

Ant Plant

Hydnophytum formicarum

这种东南亚植物是一种附生植物，也就是说，它会依附着另一种植物生长。这种植物的底部会膨胀形成几个大的凹陷空间，这个空间足够一整群蚂蚁做窝。蚂蚁们建造多层的“公寓”。其

---

[01] 每逢春季，跳豆飞蛾便会在这类矮灌木的花朵上产卵。幼虫孵化后，钻进种子荚膜里，吃光果实、在里头蛹化。

中，蚁后会有一个独有的空间，幼虫们有一个“育儿室”，还有一个地方专门用来丢弃它们的垃圾。作为回报，植物可以从蚂蚁的废弃物中获得营养并得以生存。

黄藤属

Rattan

Daemonorops spp.

黄藤是一种生活在热带雨林里的棕榈，它们既长又坚固的茎常常被用来制作拐杖和藤制家具。这种植物单株能高达500英尺，通常它们互相依赖彼此支撑。蚂蚁们在藤蔓植物的底部做窝，只要察觉到它们所依赖的植物正遭受威胁，它们就会用头冲向植物，撞得整个藤株都吱吱作响、摇来晃去。一旦警报拉响，成群的蚂蚁就会一起直面危险，精神百倍地保卫它们自己的家园不被砍藤者破坏。

白蛇根草

WHITE SNAKEROOT

拉丁名 *Eupatorium rugosum*, 也即 *Ageratina altissima*

科名 菊科 Asteraceac 或 Compositae

生境 林地，灌木，草甸，草场

原产地 北美洲

别名 白变豆菜

边陲地区的生活非常艰难，很可能没有新鲜牛奶、没有黄油，肉还会被有毒的植物污染。美国从前的农场生活里，乳毒病（milk sickness）是一种相当常见的危险：经历了虚弱、呕吐、发抖、震颤等一系列症状以后，全家都死于这种病症。事实证明，牛的症状也同样如此。马和奶牛会四处摇摇晃晃地走路，直至死亡，而农场主们无能为力地站在一边，却不知罪魁祸首是牛吃的一种植物。这种病非常常见，以至于"病牛山""病牛谷""病牛吼"这三个名字在该病猖獗的南方地区仍旧使用。

最有名的乳毒病患者是南希·汉克斯·林肯（Nancy Hanks Lincoln），即亚布拉罕·林肯的母亲。她得病后缠绵病榻一周，最终还是去世了。她的叔叔阿姨还有印第安纳州小城小鸽子湾（Little Pigeon Creek）的许多其他人都死于这种病。林肯母亲死于 1818 年，时年 34 岁。身后留下了年仅 9 岁的林肯和他的姐姐萨拉。林肯的父亲自己做了棺材，小林肯帮忙钉好了母亲的棺材。

19 世纪，有些医生和农民陆续发现白蛇根草是这种病的诱因。可是那个年代，信息传播非常慢。一位名叫安娜（Anna Bixby）的伊利诺伊州医生注意到这种病季节性发作，因此推断这种病也许跟某种夏天特有的植物有关。她在田间慢慢搜索，直到找到白蛇根草。她给小牛喂了种子，更加确信了蛇根草就是诱因。她在她的社区内发动了一次拔除蛇根草的运动，至 1834 年，这个地区的乳毒病基本被消灭了。不幸的是，她的意见并没有被当权者采纳，这也许是因为当时女性医生不受重视。

另一个早期的发现者是一名来自麦迪逊（伊利诺伊州的一个城市）的农民，威廉·杰瑞。1867 年，他就明白了他的牛是在吃了白蛇根草以后染病的。然而直到 20 世纪 20 年代，大家才普遍意识到白蛇根草是罪魁祸首。最终，农民们学会了把牛群用栅栏围起，或者把牧场里的蛇根草全部消除，以此来杜绝这种病。

白蛇根草能长到四英尺高，生有串串白花，形状和皇后蕾丝花[01]一样。今天，我们仍能在北美东部和南美各地看到这种草。这种白蛇根毒素（也称佩兰毒素，tremetol）甚至在植物自身已经死亡后依旧活跃，这就使得干草地和牧场一样危险。

斑茎泽兰（*Eupatorium purpureum*）在蝴蝶花园里非常受欢迎；贯叶泽兰（*E. perfoliatum*）曾被用作泻药，也曾用于治疗发烧和流感。它们都与白蛇根草同属。

---

[01] 也叫野胡萝卜。

别踩我

DON'T TREAD ON ME

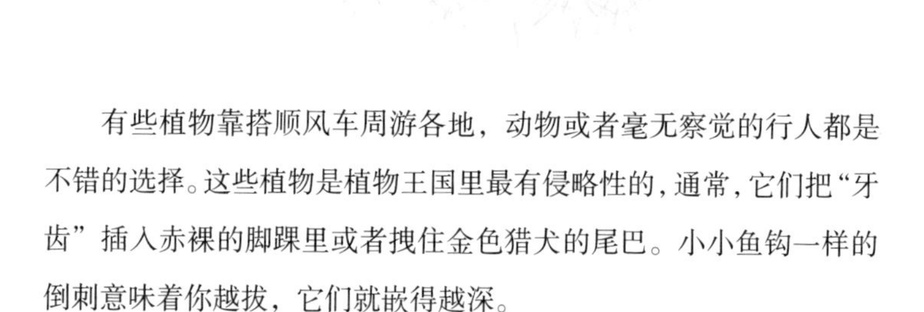

有些植物靠搭顺风车周游各地，动物或者毫无察觉的行人都是不错的选择。这些植物是植物王国里最有侵略性的，通常，它们把“牙齿”插入赤裸的脚踝里或者拽住金色猎犬的尾巴。小小鱼钩一样的倒刺意味着你越拔，它们就嵌得越深。

圆柱仙人掌 或泰迪熊仙人掌

Jumping Cholla or Teddy Bear Cholla,

Cylindropuntia fulgida or C. bigelovii

仙人掌原产于美国西南部。徒步旅行者们痛恨地说这种植物会伸出手拽住靴子和裤腿。然而事实上，这些刺非常强大，哪怕轻轻地一抓都足以让植物随之剥落一块。别试图把它拔出来，它只会扎在你的手上。有经验的旅行者会带上一把梳子。快速地狠狠梳上一阵，就能把仙人掌刺拔出来了。

南非钩麻 又名 魔鬼爪

Grapple Plant or Devil's Claw

Harpagophytum procumbens

我们在南非发现了这种坚韧的多年生藤本植物。它带刺的蒴果的直径能长达数英尺，而且每根刺都像抓手一样，它也因此得名。这种植物的花非常美丽，粉色的花瓣如同清晨的一缕阳光。但是对于农民和放牧的牧场工人们来说，它又大又麻烦的种子无疑是种威胁。南非钩麻也试图弥补它造成的伤痛：南非钩麻根的提取液已经成为镇痛和消炎的大众药品。

长角胡麻

Unicorn Plant

Proboscidea louisianica, P. altheaefolia 或 *P. parviflora*

生长在美国的南部和西部，这种植物沿地面蜿蜒爬行，好像被压扁的藤蔓一样。它会长出喇叭形的亮粉红或者黄色的花儿，这种花会结出带着长长的弧形钩子的蒴果，这些钩子很容易钩到鞋或者蹄子上。种子本身就裹着一层小小的坚硬的刺。又名魔鬼爪、魔鬼角、羊角。

老鼠陷阱树或黄花胡麻

Mouse Trap

Uncarina grandidieri

这是一种马达加斯加土生土长的小树，在热带植物迷之间广为流传，在美国大陆上的每个花园里，你都能见到它的身影。它灿烂的黄色花朵足有 3 英尺长，会结出覆着刺的绿色果实。每根刺末梢都有一个小小的钩子，果实风干后，留下的心皮会成为一种真正的危险。它能困住一只老鼠，而被咬住的人若想把蒴果移开，就会像被竹篾编的魔术玩具困住了一样。

狐尾草

Foxtail

Hordeum murinum

这是一种野生的大麦，在夏天里，长长的带刺的种子会嵌进狗的皮肤。“狐尾草”这个俗称也常用来指一些种子与它相似的草。例如，双雄雀麦（*Bromus diandrus*）可以粗暴地刺穿动物的胃内膜，事实上，这就等于终结了动物的生命。

狐尾草会长出小小的倒钩，一旦刺进皮肤，肉眼甚至很难看见，更别说拔出来了。蒴果的外皮含有一种毒素，毒素使得倒钩刺进皮肤更加容易，甚至能随血液循环。狗对此最为敏感，兽医们已经在狗的脑、肺和脊髓中发现了狐尾草。

苍 耳

Cocklebur

Xanthium strumarium

苍耳属里，苍耳是一种传播甚广的夏季野草。它原产于北美，但现在已入侵全球。苍耳会长出包着小刺儿的蒴果，尽管并不难去，但是它们无疑会毁了受伤的羊群的皮毛。尽管大部分人不会去咬食种子，种子的毒素却可能杀死家畜。

牛 蒡

Burdock

Arctium lappa or *A. minus*

牛蒡会长出类似蓟的毛边刺，能刺进衣服和毛皮里。叶和茎都会使皮肤过敏。牛蒡的刺儿相对来说比较容易拔，但是它和其他尖刀和抓钩一样，都有鱼钩的构造。这个构造引起了乔治·德·梅斯德拉[01]（George de Mestral）的注意。就是从散步后狗毛上的牛蒡毛刺上，这位瑞士工程师得到了灵感，发明了维可牢[02]。

蒺藜草 和 光梗蒺藜草

Sand Burr and Grass Burr

Cenchrus echinatus and

C. incertus

这种极具侵略性的像草一样的植物已经遍布了美国南部。它们隐藏在草坪里，长出小小的尖刺，这种刺对于郊游的人来说无疑是一种折磨，对于胆敢光脚跑过草地的孩子们也是种惩罚。这种蒺藜草在较为贫瘠的沙土里尤为茂盛。它们会使家畜的眼睛和嘴唇过敏，会引起易于传染的溃疡。蒺藜草很难控制，作为回击方式，一些南方人用蒺藜草酿造蒺藜草酒、葡萄汁，制糖和香槟泡沫。

---

01 一天他带着爱犬到森林里打猎，回来时发现狗身上沾了很多芒刺。稍后梅斯德拉在显微镜下观察发现，是芒刺上的小“倒钩”让它结结实实地粘在织物和动物毛上。在尼龙诞生以前，他对各种织物进行了多年研究。

02 是一种尼龙搭扣的注册商标，即常见的魔术贴。

红豆杉

YEW

拉丁名 *Taxus baccata*

科名 紫杉科 Taxaceae

生境 温带森林

原产地 欧洲、非洲西北部、中东、亚洲部分地区

别名 欧洲红豆杉、英国紫衫

1240年安格列科斯（Bartholomaeus Anglicus）在他的百科全书《万物特质》（*On the Properties of Things*）中将红豆杉称为“一种有毒的树”。这种剧毒的树在英格兰被称为“通往墓地之树”，也许是再恰当不过的了。然而此名字却并非缘于它能够提早将人葬送，而是由于当时罗马侵略者在红豆杉下开展教会服务，并藉此吸引异教徒。今天，在英国乡村教堂附近仍能看到红豆杉的踪影。

丁尼生（Alfred Lord Tennyson）先生在墓地邂逅了这些红豆杉并由此激发了灵感，写下诗行，“你的枝蔓笼罩无梦的头颅/你的根儿包裹着残骸。”事实是，在英国塞耳彭市一个古老的乡村教堂边生长着一棵红豆杉，这棵树在1990年的一次暴风雨中倒下了，人们发现很久前的尸骨被树根紧紧缠绕着。

红豆杉是一种生长缓慢的常绿树种，可以存活两三个世纪，但由于它的木材非常致密而无年轮，所以很难确定它的年龄。由于它有漂亮的针状叶和红色的果实，常被用作景观树，它可以很

容易就长到 70 英尺高。在英国，红豆杉常被修剪成整齐的篱笆；有 300 年历史的汉普顿宫的树篱迷宫现在几乎种满了红豆杉。

红豆杉每一个部位都有毒，它的种子也同样有毒，但它的红色果肉（又称假种皮）却无毒。它的假种皮微甜，因此对孩子特别有诱惑力。哪怕只吃几粒种子或少量的叶子也会引发胃病、脉搏降低和心力衰竭。一本医疗手册悲伤地记载着："许多受害者从未有机会描述他们的症状"，因为他们被发现时已经死了。红豆杉对宠物和牲畜都有一定危险。一篇动物医学文章表明，"通常，红豆杉中毒的第一迹象像是意外身亡。"

凯撒在《高卢战记》中记述战败者企图利用红豆杉自杀以逃避失败。有一个部落首领叫卡都瓦尔克斯（Catuvolcus），他住在现称比利时的地方，因为"他已老态龙钟，厌倦了战争和逃亡的生活"，后来他就"用红豆杉的汁液结束了自己的生命"。老普林尼也曾写过"旅行者的容器"，它是用红豆杉木制成的，可以用它来盛酒，但是一旦有人喝下就会引起中毒。

假如没有以下壮举，红豆杉可能永远都走不出它的小花园，这都要归功于一项重大的研究：20 世纪 60 年代，美国癌症研究所的一个研究小组发现红豆杉的提取物具有很强的抗肿瘤特性。现在紫杉醇（paclitaxel）或紫杉酚（taxol）被用于治疗卵巢癌、乳腺癌与肺癌患者，给其他类型的癌症也带来了希望。一些公司如莱姆赫斯特有限公司，收集花园篱笆上修剪下来的红豆杉枝条用于制药工业。研究表明，红豆杉可以分泌紫杉醇到土壤中，因此使得在不伤害红豆杉树木的前提下提取抗癌物质成为可能。

亲属同盟：日本红豆杉（*Taxus cuspidata*）：原产于日本，却遍布北美；北太平洋或西方红豆杉（*T. brevifolia*）：发现于美国西部；加拿大紫杉（*T. canadensis*）：发现于加拿大和美国东部，又称美国紫杉或平地铁杉。

尾注

解　药

20世纪，吐根糖浆是急性中毒的首选急救药物。吐根糖浆是由生长在巴西的一种开花灌木吐根（*Psychotria ipecacuanha*）的根浸泡而来的。事实证明，这种糖浆具有很强的催吐作用，能够引起严重的呕吐，也许正因此才能将毒排除体外吧。吐根糖浆最终成为家庭常备急救药物，以备儿童意外中毒之需。

然而，现在，美国儿科学会和其他医学组织却并不鼓励使用该药，除非医生或中毒控制中心强烈推荐。这种糖浆还被患暴食症的人滥用；事实上它就是导致歌手卡伦·卡朋特（Karen Carpenter）死亡的元凶。一些备受瞩目的毒害案例也与之有关，有的父母给孩子服用吐根糖浆，造成生病的假象，以此引起人们对自己的重视，这类人其实有一种叫作“代理型孟乔森综合征”（Munchausen syndrome by proxy）的精神疾病。其实针对中毒医生能采用更行之有效的治疗措施，因为使用吐根不仅可能延误治疗还掩盖了真正的病情。所以，医生还是建议一旦中毒，最好呼叫中毒控制中心或寻求即时医疗关注。

艺术家们

布莱恩妮

——艺术家与植物

Briony Morrow-Cribbs

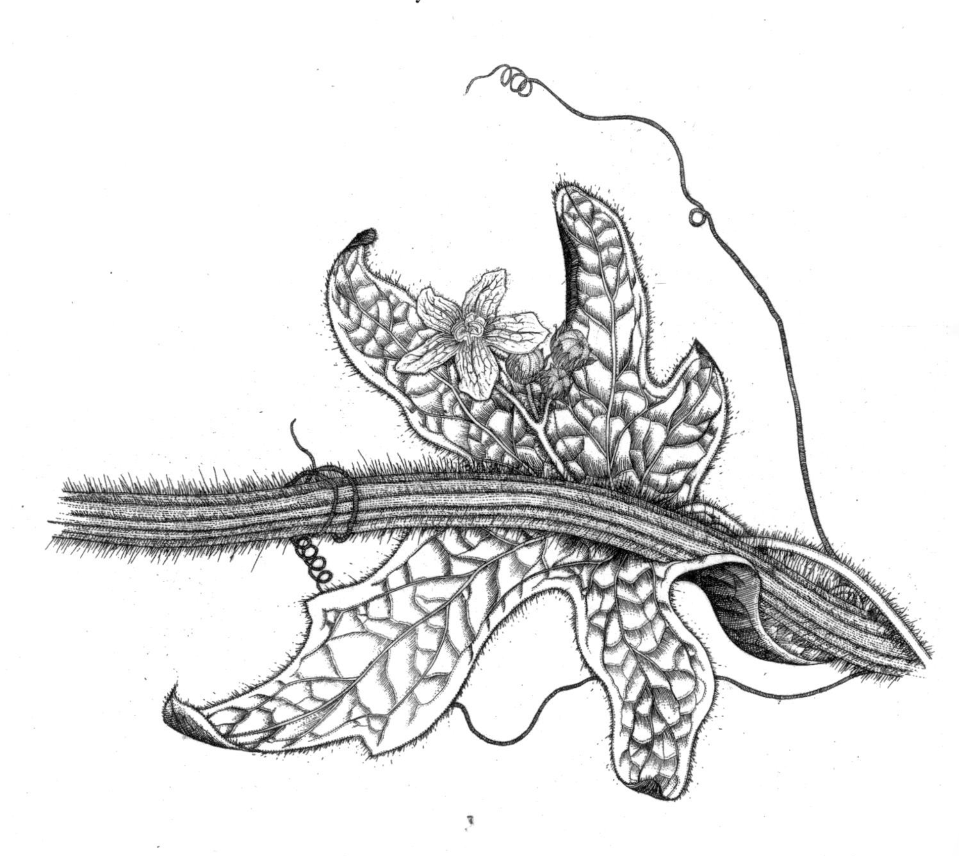

布莱恩妮·莫罗-克里布斯（Briony Morrow-Cribbs）创造了铜版画、精装书和“奇怪的匣子”系列陶瓷制品，她用理性的视觉展现奇异而荒谬的自然世界。莫罗-克里布斯毕业于加拿大艾米利卡尔艺术学院，其作品已在世界各地展出。现定居福蒙特州的布拉特尔伯勒，作品由西雅图戴维森美术馆代理。她还是双生狐出版社（Twin Vixen Press）的创始人之一。

布莱恩妮与原产于欧洲中部和东部的一种有毒植物泻根（*B. cretica.*）同名。泻根是一种生命力顽强的藤蔓植物，如果误食了其红色果实，可能会导致呕吐、眩晕甚至呼吸衰竭。白泻根（*B. alba*）在太平洋西北岸是一种入侵性植物，因此曾一度被称为“太平洋西北葛”。泻根属（*Briony*）的植物对人类和家畜均有毒；有些地方还叫它蛇草（snakeweed）、杂种芜菁（bastard turnip）或魔鬼芜菁（devil turnip）。

画家强纳森

Jonathon Rosen

强纳森·罗森是纽约市布鲁克林区的知名画家。与他合作过的客户除蒂姆·波顿（Tim Burton）外，还有许多报纸媒体如《I. D.》、《大众科学》（*Popular Science*）、《细节》（*Details*）、《索尼》（*Sony*）、《户外》（*Outside*）、《纽约时报杂志》（*New York Times Magazine*）、《今日心理学》（*Psychology Today*）、《螺丝枪唱片》（*Screwgun Records*）、《沙龙》（*Salon*）、《滚石》（*Rolling Stone*）、《财富》（*Fortune*）、音乐电视（MTV）、《时代周刊》（*Time* magazine）、《琼斯母亲》（*Mother Jones*）等等。他亲自执笔并负责插图绘制所出版的图书有：《勇气》（*Intestinal Fortitude*）和《机器意识的诞生》（*Birth of Machine Consciousness*），纽约首都博物馆、大卫·柯南伯格[01]（David Cronenberg）和塞缪尔·纽豪斯[02]（Si Newhouse）都收藏了他的作品。

01　加拿大鬼才导演，1943 年 3 月 15 日出生于多伦多。是国际影坛中最富争议、也最成功的导演之一。

02　杂志大亨，共有 28 年登上《福布斯》财富榜，美国最具影响力的杂志集团康泰纳仕集团的幕后总指挥。在他名下拥有或控制的杂志包括《名利场》《纽约客》，好几十家日报、许多有线电视台，以及其他新闻媒体。纽豪斯旗下的刊物，有不少名列世界前茅，另外还有许多独占美国大都市日报鳌头。

有毒植物花园一览

阿尼克毒植物园

ALNWICK POISON GARDENS

阿尼克毒植物园坐落于英格兰诺森伯兰郡，是世界上当之无愧的保存有毒植物最好的植物园。在这里，电影《哈利·波特》的粉丝们可以看到中世纪风格的阿尼克城堡（Alnwick Castle），那可是前两部电影中霍格沃茨学校的原型哦。这座精心设计的毒植物园四周环绕着城堡，这里有美丽天仙子和颠茄，它们盛开在烟草和被隔离的大麻样本旁边，值得一看。到阿尼克花园网站（www.alnwickgraden.com）搜索更多有趣的信息吧，也可以致电咨询［+44（0）16 65 511350］。

帕多瓦植物园

BOTANICAL GARDEN OF PADUA

帕多瓦植物园坐落于意大利帕多瓦市，是世界上最古老的大学植物园。其中收集的有毒植物特别令人震撼。到帕多瓦植物园网站（www.ortobotanico.unipd.it/eng/index.htm）搜索更多有趣的信息吧，也可以致电咨询（+39 049 8272119）。

切尔西药物园

CHELSEA PHYSIC GARDEN

切尔西药物园坐落于英国伦敦市中心，围墙环绕，里面种满了各种药用和有毒的植物，依据植物彼此的相互关系对其进行有序的配置。到切尔西药物园网站（www.chelseaphysicgarden.co.uk）搜索更多有趣的信息吧，也可以致电咨询［+44（0）20 7352 5646］。

蒙特利尔植物园

MONTREAL BOTANICAL GARDEN

这座世界级的植物园里有一座被围起来的小型有毒植物园和一座药物园。里面还收集了有毒植物常春藤。到加拿大蒙特利尔网站（www2.ville.montreal.qc.ca/jardin/en/menu.htm）搜索更多有趣的信息吧，也可以致电咨询［（514）872-1400］。

马特博物馆

MUTTER MUSEUM

费城医科大学有一座博物馆致力于收集间或

骇人听闻的医学史。那里不仅有古老的医学仪器和病理标本，还建有一座药物园，里面种满了各种具有强大药效的植物。到费城医科大学网站（www.collphyphil.org）搜索更多有趣信息吧，也可以致电咨询［（215）563-3737］。

缪恩丘有毒植物园

W.C.MUENSCHER POISONOUS PLANTS GARDEN

纽约康奈尔大学一直经营着位于伊萨卡岛的一座有毒植物园，还将其作为兽医学院的分部。这里大多数植物为北美园艺师所熟悉，而植物园的目的在于让从事兽医药学的学生能通晓这些动物最有可能遭遇的植物。到康奈尔大学网站（www.plantations.cornell.edu）搜索更多有趣的信息吧，也可以致电咨询［（607）255-2400］。

访问有毒植物网站（www.wickedplants.com）检索更多相关资料、照片吧。

有毒植物资源与鉴别文献

Brickell, Christopher. *The American Horticultural Society A–Z Encyclopedia of Garden Plants.* New York: DK Publishing, 2004.

Brown, Tom, Jr. *Tom Brown's Guide to Wild Edible and Medicinal Plants.* New York: Berkley Books, 1985.

Bruneton, Jean. *Toxic Plants Dangerous to Humans and Animals.* Secaucus, NJ: Lavoisier Publishing, 1999.

Foster, Steven. *Venomous Animals and Poisonous Plants.* New York: Houghton Mifflin, 1994.

Frohne, Dietrich. *Poisonous Plants: A Handbook for Doctors, Pharmacists, Toxicologists, Biologists and Veterinarians.* Portland, OR: Timber Press, 2005.

Kingsbury, John. *Poinsonous Plants of the United States and Canada.* Englewood Cliffs, NJ: Prentice Hall, 1964.

Klaassen, Curtis. *Casarett & Doull's Toxicology: The Basic Science of Poisons.* New York: McGraw-Hill Professional, 2001.

Turner, Nancy. *Common Poisonous Plants and Mushrooms of North America.* Portland, OR: Timber Press, 1991.

Van Wyk, Ben-Erik. *Medicinal Plants of the World.* Portland, OR: Timber Press, 2004.

Adams, Jad. *Hideous Absinthe: A History of the Devil in a Bottle.* Madison: University of Wisconsin Press, 2004.

Anderson, Thomas. *The Poison Ivy, Oak & Sumac Book: A Short Natural History and Cautionary Account.* Ukiah, CA: Acton Circle Publishing, 1995.

Attenborough, David. *The Private Life of Plants: A Natural History of Plant Behaviour.* Princeton, NJ: Princeton University Press, 1995.

Balick, Michael. *Plants, People and Culture: The Science of Ethnobotany.* New York: Scientific American Library, 1996.

Booth, Martin. *Cannabis: A History.* New York: St. Martin' s Press, 2003.

Booth, Martin. *Opium: A History.* New York: Thomas Dunne, 1998.

Brickhouse, Thomas. *The Trial and Execution of Socrates.* New York: Oxford University Press, 2001.

Cheeke, Peter R. *Toxicants of Plant Origin. Vol. I, Alkaloids.* Boca Raton, FL: CRC Press, 1989.

Conrad, Barnaby. *Absinthe: History in a Bottle.* San Francisco: Chronicle Books, 1988.

Crosby, Donald. *The Poisoned Weed : Plants Toxic to Skin.* New York: Oxford University Press, 2004.

D' Amato, Peter. *The Savage Garden: Cultivating Carnivorous Plants.* Berkeley, CA: Ten Speed Press, 1998.

Everist, Selwyn. *Poisonous Plants of Australia.* Sydney, Australia: Angus and Robertson, 1974.

Gately, Iain. *Tobacco: The Story of How Tobacco Seduced the World.* New York: Grove Press, 2001.

Gibbons, Bob. *The Secret Life of Flowers.* London: Blandford, 1990.

Grieve, M. *A Modern Herbal.* Vols. 1 and 2. New York: Dover, 1982.

Hardin, James. *Human Poisoning from Native and Cultivated Plants.* Durham, NC: Duke University Press, 1974.

Hartzell, Hal, Jr. *The Yew Tree: A Thousand Whispers.* Eugene, OR: Hulogosi, 1991.

Hodgson, Barbara. *In the Arms of Morpheus: The Tragic History of Laudanum, Morphine, and Patent Medicines.* Buffalo, NY: Firefly Books, 2001.

Hodgson, Barbara. *Opium: A Portrait of the Heavenly Demon.* San Francisco: Chronicle Books, 1999.

Jane, Duchess of Northumberland. *The Poison Diaries.* New York: Harry N. Abrams, 2006.

Jolivet, Pierre. *Interrelationship between Insects and Plants.* Boca Raton, FL: CRC Press, 1998.

Lewin, Louis. *Phantastica: A Classic Survey on the Use and Abuse of Mind-Altering Plants.* Rochester, VT: Park Street Press, 1998.

Macinnis, Peter. *Poisons: From Hemlock to Botox to the Killer Bean of Calabar.* New York: Arcade Publishing, 2005.

Mayor, Adrienne. *Greek Fire, Poison Arrows, and Scorpion Bombs: Biological and Chemical Warfare in the Ancient World.* Woodstock, NY: Overlook Duckworth, 2003.

Meinsesz, Alexandre. *Killer Algae.* Chicago: University of

Chicago Press, 1999.

Ogren, Thomas. *Allergy-Free Gardening*. Berkeley, CA: Ten Speed Press, 2000.

Pavord, Anna. *The Naming of Names: The Seach for Order in the World of Plants*. New York: Bloomsbury, 2005.

Pendell, Dale. *Pharmakodynamis Stimulating Plants, Potions, and Herbcraft: Excitantia and Empathogenica*. San Francisco: Mercury House, 2002.

Rocco, Fiammetta. *Quinine: Malaria and the Quest for a Cure That Changed the World*. New York: HarperCollins, 2003.

Schiebinger, Londa. *Plants and Empire: Colonial Bioprospecting in the Atlantic World*. Cambridge, MA: Harvard University Press, 2004.

Spinella, Marcello. *The Psychopharmacology of Herbal Medicine: Plant Drugs That Alter Mind, Brain, and Behavior*. Cambridge, MA: The MIT Press, 2001.

Stuart, David. *Dangerous Garden: The Quest for Plants to Change Our Lives*. Cambridge, MA: Harvard University Press, 2004.

Sumner, Judith. *The Natural History of Medicinal Plants*. Portland, OR: Timber Press, 2000.

Talalaj, S., D. Talalaj, and J. Talalaj. *The Strangest Plants in the World*. London: Hale, 1992.

Timbrell, John. *The Poison Paradox*. New York: Oxford University Press, 2005.

Todd, Kim. *Chrysalis: Maria Sibylla Merian and the*

Secrets of Metamorphosis. New York: Harcourt, 2007.

Tompkins, Peter. *The Secret Life of Plants.* New York: Harper Perennial, 1973.

Wee, Yeow Chin. *Plants That Heal, Thrill and Kill.* Singapore: SNP Reference, 2005.

Wilkins, Malcom. *Plantwatching: How Plants Remember, Tell Time, Form Relationships, and More.* New York: Facts on File, 1988.

Wittles, Betina. *Absinthe: Sip of Seduction; A Contemporary Guide.* Denver, CO: Speck Press, 2003.

图书在版编目(CIP)数据

植物也邪恶/(美)艾米·斯图尔特著;王小敏译.—北京:商务印书馆,2018(2019.12 重印)

ISBN 978-7-100-15807-7

Ⅰ.①植… Ⅱ.①艾…②王… Ⅲ.①植物—普及读物 Ⅳ.①Q94-49

中国版本图书馆 CIP 数据核字(2018)第 022674 号

植物也邪恶

〔美〕艾米·斯图尔特 著

王小敏 译

商 务 印 书 馆 出 版

(北京王府井大街 36 号 邮政编码 100710)

商 务 印 书 馆 发 行

北京新华印刷有限公司印刷

ISBN 978-7-100-15807-7

2018 年 6 月第 1 版　　开本 880×1230 1/32

2019 年 12 月北京第 2 次印刷　　印张 8½

定价:49.00 元